全国中等职业技术学校汽车类专业通用教材

钳工与焊接工艺

(第二版)

宋庆阳　主编

人民交通出版社股份有限公司
China Communications Press Co.,Ltd.

内 容 提 要

本书是全国中等职业技术学校汽车类专业通用教材,依据《中等职业学校专业教学标准(试行)》以及国家和交通行业相关职业标准编写而成。主要内容包括:入门知识,划线,金属錾削,金属锉削,金属锯削,钻、锪和铰,攻螺纹,套螺纹,复合作业(一),曲面刮削,研磨,铆接,复合作业(二),电弧焊,气割,共计14个课题。

本书供中等职业学校汽车类专业教学使用,亦可供汽车维修相关专业人员学习参考。

图书在版编目(CIP)数据

钳工与焊接工艺/宋庆阳主编.—2版.—北京:
人民交通出版社股份有限公司,2016.7
ISBN 978-7-114-13162-2

Ⅰ.①钳⋯ Ⅱ.①宋⋯ Ⅲ.①钳工—中等专业学校—教材②焊接工艺—中等专业学校—教材 Ⅳ.①TG9 ②TG44

中国版本图书馆 CIP 数据核字(2016)第 145019 号

全国中等职业技术学校汽车类专业通用教材

书　　名:	钳工与焊接工艺(第二版)
著 作 者:	宋庆阳
责任编辑:	闫东坡
出版发行:	人民交通出版社股份有限公司
地　　址:	(100011)北京市朝阳区安定门外外馆斜街3号
网　　址:	http://www.ccpress.com.cn
销售电话:	(010)59757973
总 经 销:	人民交通出版社股份有限公司发行部
经　　销:	各地新华书店
印　　刷:	北京市密东印刷有限公司
开　　本:	787×1092　1/16
印　　张:	9.75
字　　数:	225千
版　　次:	2004年9月　第1版
	2016年7月　第2版
印　　次:	2021年2月　第2版　第3次印刷　累计第7次印刷
书　　号:	ISBN 978-7-114-13162-2
定　　价:	22.00元

(有印刷、装订质量问题的图书由本公司负责调换)

第二版前言
FOREWORD

为适应社会经济发展和汽车运用与维修专业技能型紧缺人才培养的需要,交通职业教育教学指导委员会汽车(技工)专业指导委员会于2004年陆续组织编写了汽车维修、汽车电工、汽车检测等专业技工教材、高级技工教材及技师教材,受到广大中等职业学校师生的欢迎。

随着职业教育教学改革的不断深入,中等职业学校对课程结构、课程内容及教学模式提出了更高的要求。《教育部关于深化职业教育教学改革全面提高人才培养质量的若干意见》提出:"对接最新职业标准、行业标准和岗位规范,紧贴岗位实际工作过程,调整课程结构,更新课程内容,深化多种模式的课程改革"。为此,人民交通出版社股份有限公司根据教育部文件精神,在整合已出版的技工教材、高级技工教材及技师教材的基础上,依据教育部颁布的《中等职业学校汽车运用与维修专业教学标准(试行)》,组织中等职业学校汽车专业教师再版修订了全国中等职业技术学校汽车类专业通用教材。

此次再版修订的教材总结了全国技工学校、高级技工学校及技师学院多年来的汽车专业教学经验,将职业岗位所需要的知识、技能和职业素养融入汽车专业教学中,体现了中等职业教育的特色。教材特点如下:

1. "以服务发展为宗旨,以促进就业为导向",加强文化基础教育,强化技术技能培养,符合汽车专业实用人才培养的需求;

2. 教材修订符合中等职业学校学生的认知规律,注重知识的实际应用和对学生职业技能的训练,符合汽车类专业教学与培训的需要;

3. 教材内容与汽车维修中级工、高级工及技师职业技能鉴定考核相吻合,便于学生毕业后适应岗位技能要求;

4. 依据最新国家及行业标准,剔除第一版教材中陈旧过时的内容,教材修订量在20%以上,反映目前汽车的新知识、新技术、新工艺;

5. 教材内容简洁,通俗易懂,图文并茂,易于培养学生的学习兴趣,提高学习效果。

《钳工与焊接工艺》是汽车运用与维修专业课之一,教材主要内容包括:入门知识,划线,金属錾削,金属锉削,金属锯削,钻、锪和铰,攻螺纹、套螺纹,复合作业(一),曲面刮削,研磨,铆接,复合作业(二),电弧焊,气割,共计14个课题。

本书由甘肃交通职业技术学院宋庆阳担任主编。编写成员分工是:宋庆阳编写课题一至课题八,苏州建设交通高等职业技术学校王宗杰编写课题九至课题十二,兰州城市学院徐宏彤编写课题十三至课题十四。

限于编者经历和水平,教材内容难以覆盖全国各地中等职业学校的实际情况,希望各学校在选用和推广本系列教材的同时,注重总结教学经验,及时提出修改意见和建议,以便再版修订时改正。

编　者

2016 年 3 月

目录

CONTENTS

课题一　入门知识 ··· 1

课题二　划线 ··· 16

课题三　金属錾削 ··· 27

课题四　金属锉削 ··· 35

课题五　金属锯削 ··· 47

课题六　钻、锪和铰 ·· 55

课题七　攻螺纹、套螺纹 ··· 72

课题八　复合作业（一） ··· 83

课题九　曲面刮削 ··· 90

课题十　研磨 ··· 98

课题十一　铆接 ·· 105

课题十二　复合作业（二） ·· 112

课题十三　电弧焊 ··· 116

课题十四　气割 ·· 140

参考文献 ··· 148

课题一
入门知识

 教学要求
1. 掌握钳工教学设备和常用工具、量具的结构及使用方法;
2. 熟悉钳工教学场地规划和安全、文明操作注意事项。

一、钳工工艺的性质、任务、作用及要求

1. 钳工工艺的性质

汽车的维护和修理,汽车易损零件的修复与自制,各总成的装配,都离不开钳工操作,作为一名合格的汽车维修与驾驶人员,必须掌握钳工的各项操作技能。

在钳台上以手工工具为主,对工件进行各种加工的方法称作钳工,它具有设备简单、操作方便、适用面广等特点。

2. 钳工的任务、作用及要求

钳工的工作范围很广,灵活性很大,许多机械设备需要用钳工来装配。汽车的机械故障、零件的损坏,大多需钳工维护和修理;技术改造、工装改进、零件的局部加工,甚至用机加工无法进行的场合,都需要钳工来完成。现代汽车维修业将钳工分为普通钳工、工具钳工和机修钳工等。其任务是:零部件的划线、产品的加工、装配、检验、调试、维修以及制作工具、夹具和量具等。

尽管钳工的分工不同,工作内容不同,但都要求其应熟练掌握钳工的基础理论和基本操作技能。钳工的基本内容主要包括:划线、錾削、锯削、锉削、钻孔、扩孔、锪孔、铰孔、攻螺纹、套螺纹、刮削、研磨、铆接、矫正和弯形以及装配、调试、基本测量和简单的热处理等。

二、钳工常用设备及使用方法

钳工车间或工作场地是供一组人员工作的固定地点,在这个车间里或场地上,通常安装的主要设备有钳桌、台虎钳、砂轮机、划线平台、台式钻床、立式钻床和摇臂钻床等。后三种设备将在课题六中介绍。

1. 钳桌

钳桌又称钳台,一般由低碳钢材制成,亦可用硬木料加工而成,其高度约 800~900mm,长度和宽度可随工作需要而定。钳桌用来安装台虎钳和放置工具、量具、工件和图样等。面

对操作者,在钳桌的边缘装有防护网,以防工作时发生意外事故,如图 1-1 所示。

2. 台虎钳

台虎钳由紧固螺栓固定在钳桌上,用来夹持工件。其规格以钳口的宽度表示,常用的有 100mm、125mm 和 150mm 等,如图 1-2 所示。

台虎钳有固定式,如图 1-2a)所示和回转式,如图 1-2b)所示。后者使用较方便,应用较广,它由活动钳身、固定钳身、丝杆、螺母、夹紧盘和转盘座等主要部分组成。

操作者顺时针转动长手柄,可使丝杆在螺母中旋转,并带动活动钳身向内移动,将工件夹紧;当逆时针旋转长手柄时,可使活动钳身向外移动,将工件松开;若要使台虎钳转动一定角度,可逆时针方向转动短手柄,双手扳动钳身使之转所需角度,然后顺时针转动短手柄,将台虎钳整体锁紧在底座上。

图 1-1 钳桌

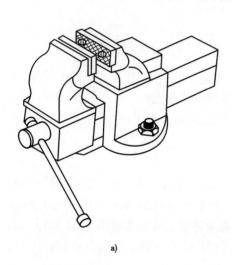

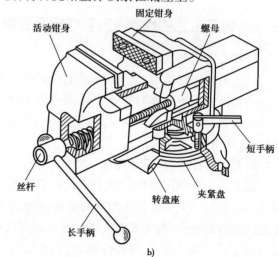

图 1-2 台虎钳

在使用台虎钳时应注意以下几点。

(1)在台虎钳上夹持工件时,只允许依靠手臂的力量来扳动手柄,决不允许用锤子敲击手柄或用管子或其他工具随意接长手柄夹紧,以防螺母或其他制件因过载而损坏。

(2)在台虎钳上进行强力作业时,应使强的作用力朝向固定钳身,否则,将额外增加丝杆和螺母的载荷,以致造成螺纹及钳身的损坏。

(3)不要在活动钳身的工作面上进行敲击作业,以免损坏或降低它与固定钳身的配合性能。

(4)丝杆、螺母和其他配合表面都要经常保持清洁,并加油润滑,以使操作省力,防止生锈。

3. 砂轮机

砂轮机用来刃磨錾子、钻头、刀具和其他工具,也可用来磨去工件或材料上的毛刺、锐边等。

砂轮机主要由砂轮、电动机、防护罩、托架和砂轮机座等组成,如图1-3所示。

砂轮由磨料与黏结剂等黏结而成,质地硬而脆,工作时转速较高,因此,使用砂轮机时应遵守安全操作规程,严防产生砂轮碎裂造成人身事故。

操作时应注意以下几点。

(1)砂轮的旋转方向应正确,要与砂轮罩上的箭头方向一致,使磨屑向下方飞离砂轮与工件。

(2)砂轮启动后,要稍等片刻,待砂轮转速进入正常状态后再进行磨削。

(3)操作者应站在砂轮的侧面或斜侧面进行磨削,严禁站立在砂轮的正面操作,以防砂轮碎片飞出伤人。

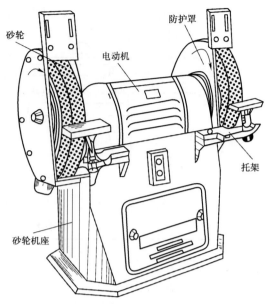

图1-3 砂轮机

(4)磨削刀具或工件时,不能对砂轮施加过大的压力,并严禁刀具或工件对砂轮产生猛烈的冲击,以免砂轮破碎。

(5)砂轮机的托架与砂轮间的距离一般应保持在3mm以内,间距过大容易将刀具或工件挤入砂轮与托架之间,造成事故。

(6)砂轮正常旋转时较平稳,无振动。若砂轮外缘跳动较大致使砂轮机产生振动时,应停止使用,修整砂轮。

三、钳工常用量具及使用方法

量具是用来检验或测量工件、产品是否满足预先确定的条件所用的工具,如测量长度、角度、表面质量、形状及各部分的相关位置等。常用的量具有:游标卡尺、高度尺、外径千分尺、内径千分尺、百分表、内径百分表、塞尺、钢直尺、直角尺、万能角度尺和卡钳等。

1. 游标卡尺

游标卡尺是一种适合测量中等精度尺寸的量具,可以直接量出工件的外尺寸(指外径、宽度等)、内尺寸(如内径)和深度尺寸。游标卡尺测量精度常用的有 0.1mm、0.05mm 和 0.02mm 三种,测量范围分为 0～125mm、0～200mm、0～300mm、0～500mm、0～1000mm 等。图1-4所示是常用游标卡尺的结构形式。

使用时,首先拧松紧固螺钉,移动游标框架,使量爪与工件测量表面接触,拧紧紧固螺钉,即可从游标和尺身上读出测量尺寸。

1)游标卡尺的读数方法

(1)读出游标上零线前主尺的整数;

(2)看游标上第几格刻线与主尺的刻线对齐,刻线格数乘以精度值求出小数;

(3)把主尺上的整数和游标上的读数相加即为所测尺寸。表1-1所示是三种精度游标卡尺的读数原理及方法。

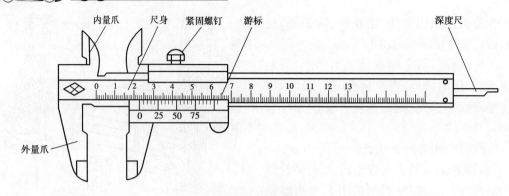

图1-4 带测探杆的游标卡尺

游标卡尺的读数原理及方法   表1-1

精度值	刻线原理	读数方法及示例
0.1mm	主尺1格=1mm 副尺1格=0.9mm,共10格 主、副尺每格差=1-0.9=0.1mm	读数=副尺零线左面主尺的毫米整数+ 副尺与主尺重合线数×精度值 示例:读数=30+4×0.1=30.4mm
0.05mm	主尺1格=1mm 副尺1格=0.95mm,共20格 主、副尺每格差=1-0.95=0.05mm	方法同上 示例:读数=58+14×0.05=58.70mm
0.05mm	主尺1格=1mm 副尺1格=1.95mm,共20格 主尺2格与副尺1格差=2-1.95=0.05mm	
0.02mm	主尺1格=1mm 副尺1格=0.98mm,共50格 主、副尺每格差=1-0.98=0.02mm	方法同上 示例:读数=26+12×0.02=26.24mm

2)游标卡尺使用注意事项

(1)测量前,应将游标卡尺清理干净,并将两量爪合并,检查游标卡尺的精度情况;大规格的游标卡尺要用标准棒校准检查。

(2)测量时,工件与游标卡尺要对正,测量位置要准确,两量爪要与被测工件表面贴合,不能歪斜,并掌握好两量爪与工件接触面的松紧程度,不能过紧,也不能过松。

(3)读数时,要正对游标刻线,看准对齐的刻线,不能斜视,以减少读数误差。

(4)当用单面游标卡尺测量内尺寸时,必须注意此时卡尺上读出的数值,必须再加上两量爪的宽度。

(5)在某种情况下,要用游标卡尺测量精度要求高的工件时,必须用量块校对游标卡尺,确定其误差数值,以便测量时把该误差排除。

2. 高度尺

高度尺分为普通高度尺和游标高度尺两种。普通高度尺如图1-5a)所示,由钢直尺加底座构成,钢尺为用划针盘在上面量取尺寸高度。游标高度尺如图1-5b)所示,其读数方法与游标卡尺相同,主要用于测量零件高度和精密零件划线,可直接确定尺寸划线,又称划线游标尺。

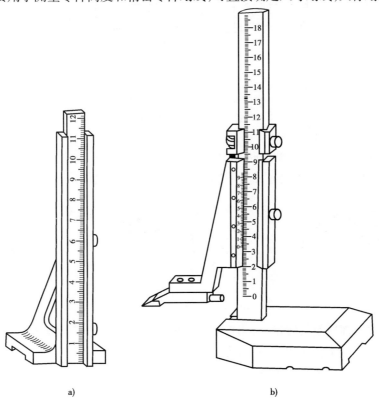

图1-5 高度尺
a)普通高度尺;b)游标高度尺

3. 外径千分尺

外径千分尺是一种精密量具,它的测量精度比游标卡尺高,其精度可达到0.01mm。按测量范围外径千分尺的规格有 0~25mm、25~50mm、50~75mm、75~100mm、100~125mm等多种,如图1-6a)所示。

1)外径千分尺的读数方法

(1)读出活动套管边缘在固定套管主尺上的数(应为0.5mm的整倍数)。

(2)看活动套管上哪一格线与固定套管上的基准线对齐,读出小数。
(3)将两个读数相加即是所测尺寸,如图1-6b)所示。

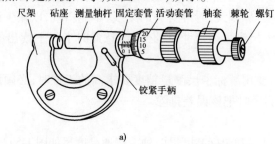

a)

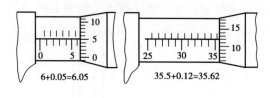

6+0.05=6.05　　35.5+0.12=35.62

b)

图1-6　外径千分尺及读数原理
a)外径千分尺;b)外径千分尺读数

2)外径千分尺的使用方法

测量前应检验,两测量面贴合时,两个套筒上的刻度都在零线位置,否则,应调整后再使用。测量工件时应一手拿尺架或尺架下端,一手拿活动套筒,如图1-7所示。

图1-7　外径千分尺的使用

(1)测量之前擦净量具测量面,用校准棒校准零位。
(2)测量时要将千分尺放正,不得歪斜。
(3)当两测量面即将接触工件时,改用棘轮转动直到发出"咔……"两三声响后停止转动,锁紧取出后读数。
(4)使用完毕,擦净放回原位。

4.百分表

百分表用于测量工件的尺寸、形状和位置误差。图1-8所示是百分表的构造。使用时,当测量表面与触头接触时,触头联动齿杆带动小齿轮、大齿轮、小齿轮、大齿轮旋转。小齿轮带动长指针转动,大齿轮带动短指针转动,其测量值从表盘中读出。

1)百分表读数方法

长指针转一圈,短指针转一格,齿杆移动1mm。表盘上共刻100格,长指针每转1格表示齿杆移动0.1mm。

2)百分表使用注意事项

(1)将百分表安装在表架上,稳定牢固。

(2)将触头抵住被测量表面,使指针转动一圈左右。齿杆要与被测表面垂直。

(3)按被测工件要求使工件移动或转动,并从表刻度盘中读出相对偏差尺寸。

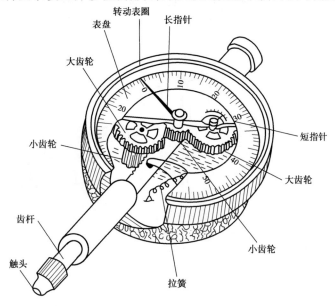

图1-8 百分表结构

5. 内径百分表

内径百分表在汽车维修中主要用来测量汽缸的圆度和圆柱度,故又称量缸表,如图1-9a)所示。

内径百分表的测量范围通常为35~250mm。要靠更换测量接杆来完成测量工件,测量接杆的长度有6~10mm、10~18mm、18~35mm、35~50mm、50~100mm、100~160mm、160~250mm等。

下面以测量东风EQ1090发动机汽缸圆度和圆柱度为例说明内径百分表的具体使用方法,如图1-9b)所示。

1)内径百分表的使用

使用前,应先根据被测汽缸直径选择合适的接杆,与固定螺母一起旋入量缸表下端的接杆座内,然后用外径千分尺校对量缸表所测汽缸的标准尺寸,此时,活动量杆应被压缩1mm为宜,旋转表盘使"0"对正大指针,记住小指针指示毫米数,拧紧接杆上的固定螺母。

测量时,若大指针顺时针方向离开"0"位,表示汽缸直径小于标准尺寸的偏差值;若逆时针方向离开"0"位,表示汽缸直径大于标准尺寸的偏差值。测量时必须使量杆与气缸的轴线保持垂直,应前后摆动量缸表,当前后摆动量缸表时,指针指示到最小数字时,即表示量杆与汽缸轴线垂直,此读数为标准读数。

2)圆度的测量

校对量缸表后,将量缸表量杆放在汽缸上边缘第一道活塞环相对应处,测量汽缸同一横断面的纵向和横向直径,测得最大直径和最小直径,二者之差值的1/2即为圆度偏差。同样可在汽缸中部或下端(距汽缸下边缘10～15mm)横断面测得圆度偏差。

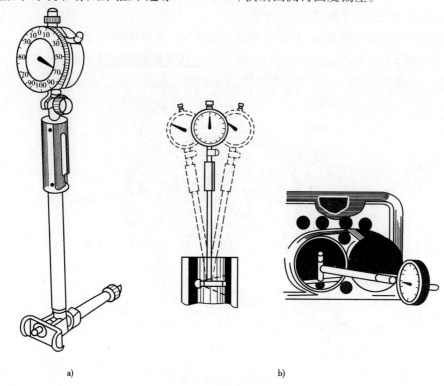

图1-9 内径百分表及使用方法
a)结构；b)使用方法

3)圆柱度的测量

在汽缸纵横截面内，量缸表在汽缸的上、中、下三个部位与测量圆度的部位相同进行测量，测得上、中、下最大差值的1/2即为圆柱度偏差。

6. 塞尺

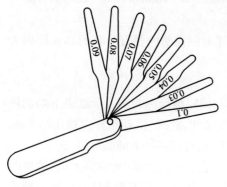

图1-10 塞尺

塞尺是用来检验结合面之间间隙大小的片状量规。它由不同厚度的金属薄片组成，每个薄片有两个相互平行的测量平面，其厚度尺寸较准确。塞尺长度有50mm、100mm、200mm 三种，由若干片厚度为0.02～1mm(中间每片相隔0.01mm)或厚度为0.1～1mm(中间每片相隔0.05mm)的金属薄片组为一套(组)，叠合在夹板里，如图1-10所示。

使用塞尺测量时，根据间隙的大小，可用一片或数片重叠在一起插入间隙内，插入深度应在20mm左右。例如用0.2mm的塞尺片刚好能插入两工件的缝隙中，而0.3mm的塞尺片插不进，说明两工件的结合间隙为0.2mm。

由于塞尺很薄，容易弯曲或折断，测量时不能用力太大，并应在结合面的全长上多处检查，取其最大值，即为两结合面的最大间隙量。塞尺用完后要擦净其测量面，及时合到夹板中去,以免损伤金属薄片。

7. 钢板尺

钢板尺是一种常见的测量工具,它可以直接测出工件的尺寸,如图 1-11 所示。

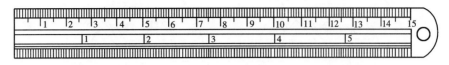

图 1-11 钢板尺

使用钢板尺时应注意:
(1)查看钢板尺各部位有无损伤,端面是否与零线重合;
(2)测量时尺的零线与工件边缘重合;
(3)读数时视线与钢板尺的尺面垂直,尽量减小读数误差。

8. 直角尺

直角尺用来检查测量工件相邻两表面的垂直度,如图 1-12 所示。

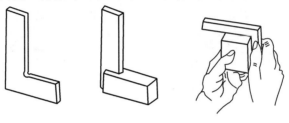

图 1-12 直角尺及使用方法

使用直角尺时应注意:
(1)将尺座一面靠紧工件基准面,尺杆向工件另一面靠拢。
(2)观看尺杆与工件贴合时透过的光线是否均匀。透过光线均匀,工件两邻面垂直;透过光线不均匀,两邻面不垂直。
(3)用塞尺检查贴合面间的间隙,表示垂直度误差。

9. 游标万能角度尺

1)游标万能角度尺的读数方法

游标万能角度尺的读数方法和游标卡尺相似,先从主尺上读出游标零线前的整度数,再从游标上读出角度"分"的数值,两者相加就是被测工件的角度数值。如图 1-13 所示,游标零线前主尺上的整度数为 38°,游标上第五条线与主尺上的刻线对齐,其角度值为 2′×5 = 10′,即被测工件的外角为 38° + 10′ = 38°10′。

2)游标万能角度尺的使用方法

游标万能角度尺的 90°角尺和直尺可以移动和拆换,因此它可以测量 0 ~ 320°的任何角度,使用方法如图 1-13 所示。

注意:游标万能角度尺的主尺上的刻线只有 0 ~ 90°,所以,当测量大于 90°的角度读数时,应加上一个数值 90°;大于 180°应加上 180°;大于 270° 应加上 270°。

10. 卡钳

卡钳是一种间接量具,它必须借助钢板尺或其他量具才能读出所测工件的尺寸。

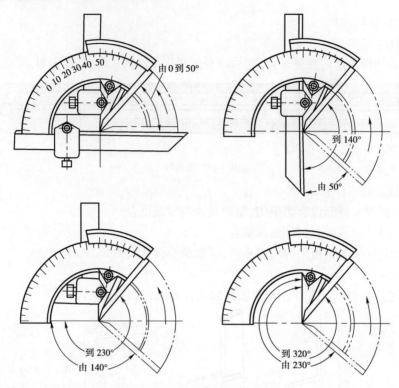

图 1-13 游标万能角度尺的使用

1)卡钳的种类及规范

卡钳分普通卡钳和弹簧卡钳,在使用时又分内卡钳和外卡钳两种,如图 1-14 所示。它们有大小不同的规格,适用不同尺寸工件的测量,如 150mm、200mm 和 300mm 等。

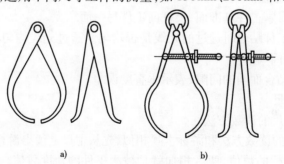

图 1-14 卡钳
a)普通卡钳;b)弹簧卡钳

2)卡钳的使用方法

用普通卡钳测量零件时,应先将卡钳的两个脚用手掰到与工件尺寸相近,再如图 1-15 所示轻敲卡钳两脚来调整卡脚的开度;用弹簧卡钳测量零件时,只需调整调节螺母。最后借助其它有刻度的量具读取读数。

对量具不仅要做到正确、合理使用,还要掌握其维护和保养的方法,不使量具的精确度过早丧失或造成量具的损坏,为此,使用中应做到以下几点。

(1)量具(尤其精密量具)应进行定期检定和维护。使用者发现有异常现象时,应及时送交计量室检修。

(2)量具的零部件要齐备,不能在缺件的情况下进行测量,以免影响测量精度。

(3)测量前应将量具的工作面和工件的被测量面擦干净,以免脏物影响测量精度和加快量具磨损。

(4)量具在使用过程中不要和工具、刀具等堆放在一起,以免擦伤、碰伤,或挤压变形。

(5)运动着的工件绝不能用量具进行测量,否则会加快量具磨损,而且容易发生事故,测量误差也相当大。

(6)量具不能放在热源(电炉、暖气片等)附近,以免产生热变形。

(7)量具用完后,要及时将各处清理干净,涂油后存放在专用包装盒中隔磁并防变形,要保持干燥,以免生锈。

  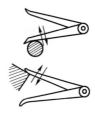

图1-15 卡钳的使用方法

四、钳工通用工具及使用方法

1. 扳手类工具

扳手类工具是装拆各种形式的螺栓、螺母和管件的工具,一般用工具钢、合金钢制成,常用的有:活扳手、呆扳手、梅花扳手、成套套筒扳手、钩形扳手、内六角扳手、管子钳等。

1)活扳手

活扳手由扳手体、活动钳口和固定钳口等主要部分组成,如图1-16a)所示。主要用来拧紧外六角头、方头螺栓和螺母。其规格以扳手长度和最大开口宽度表示,如表1-2所示。

活 扳 手 的 规 格   表1-2

长度	米制(mm)	100	150	200	250	300	375	450	600
	英制(in)	4	6	8	10	12	15	18	24
最大开口宽度(mm)		14	19	24	30	36	46	55	65

活扳手的开口宽度可以在一定范围内进行调节,每一种规格的活扳手适用于一定尺寸范围内的外六角头、方头螺栓和螺母。

使用活扳手应首先正确选用其规格,要使开口宽度适合螺母的尺寸,不能选过大的规格,否则会扳坏螺母;应将开口宽度调节得与拧紧物的接触面贴紧,以防旋转时脱落,损伤拧紧物的头部;扳手手柄不可任意接长,以免拧紧力矩太大而损坏扳手或螺母、螺栓,如图1-16b)所示。

2)呆扳手

呆扳手按其结构特点分为单头和双头两种,如图1-17所示。呆扳手的用途与活扳手相同,只是其开口宽度是固定的,其大小与螺母或螺钉头部的对边距离相适应,并根据标准尺寸做成一套。常用的 10 件一套的双头呆扳手两端的开口宽度(单位:mm)分别为:5.5×7、8×10、9×11、12×14、14×17、17×19、19×22、22×24、24×27、30×32。每把双头呆扳手只适用于两种尺寸的外六角头或方头螺栓和螺母。

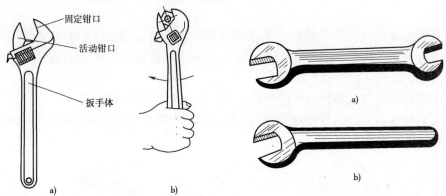

图 1-16　活扳手的结构及使用方法　　　　　图 1-17　呆扳手

梅花扳手俗称眼镜扳手,可以在呆扳手拧转角度完不成的情况下使用,规格与呆板手相同。

3) 成套套筒扳手

成套套筒扳手由一套尺寸不同的梅花套筒或内六角套筒组成,如图 1-18 所示。使用时将弓形手柄或棘轮手柄方榫插入套筒的方孔中,连续转动即可装拆外六角形或方形的螺母或螺钉。成套套筒扳手使用方便,操作简单,工作效率较高。

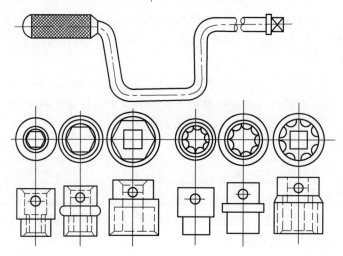

图 1-18　成套套筒扳手

4) 钩形扳手

钩形扳手有多种形式,如图 1-19 所示,专门用来装拆各种结构的圆螺母。使用时应根据不同结构的圆螺母选择对应形式的钩形扳手,将其钩头或圆销插入圆螺母的长槽或圆孔中,左手压住扳手的勾头或圆销端,右手用力沿顺时针或逆时针方向扳动其手柄,即可拧紧或松开圆螺母。

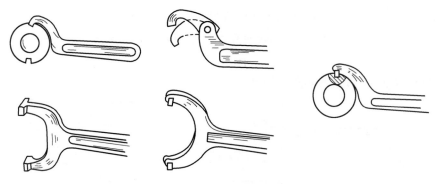

图 1-19 钩形扳手

5）内六角扳手

内六角扳手主要用于装拆内六角头螺钉，如图 1-20 所示。其规格以扳手头部下方对边尺寸表示，常用规格为：3mm、4mm、5mm、6mm、8mm、10mm、12mm、14mm 等。可供装拆 M4～M30 的内六角头螺钉时使用。使用时，先将六角头放入内六角螺钉的六方孔内，左手下按，右手旋转扳手，带动内六角螺钉紧固或松开。

6）管子钳

管子钳由钳身、活动钳口和调整螺母组成，如图 1-21 所示。其规格以手柄长度和夹持管子的最大外径表示，如 200mm×25mm、300mm×40mm 等。主要用于装拆金属管子或其他圆形工件，是管路安装和修理工作中常用的工具。使用时，钳身承受主要作用力，活动钳口在左上方，左手压住活动钳口，右手握紧钳身并下压，使其旋转到一定位置取下管子钳，重复上述操作即可旋紧管件。

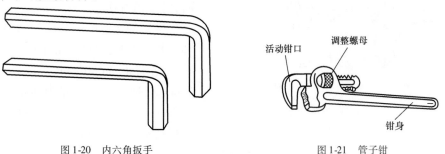

图 1-20　内六角扳手　　　　　　图 1-21　管子钳

2. 螺钉旋具

螺钉旋具俗称起子或改锥，由木柄和工作部分组成，按结构分有一字槽螺钉旋具和十字槽螺钉旋具两种，如图 1-22 所示。

1）一字槽螺钉旋具

一字槽螺钉旋具如图 1-22a）所示，用来旋紧或松开头部带一字形沟槽的螺钉。其规格以工作部分的长度表示，常用的规格有 100mm、150mm、200mm、300mm 和 400mm 等几种，应根据螺钉头部槽的宽度来选择相适应的旋具。使用时，左手扶住已放入一字槽内的旋具头部，右手扶住木柄，垂直用力并旋转，直至拧紧或松开为止。

2）十字槽螺钉旋具

十字槽螺钉旋具如图 1-22b）所示，用来拧紧或松开头部带十字槽的螺钉。其规格有

2~3.5mm、3~5mm、5.5~8mm 和 10~12mm 四种。十字槽螺钉旋具能用较大的拧紧力而不易从螺钉槽中滑出,使用可靠,工作效率高。其使用方法同一字槽螺钉旋具。

3. 钳子

钳子的种类很多,常用的如图 1-23 所示。

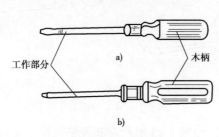

图 1-22 螺钉旋具
a)一字槽螺钉旋具;b)十字槽螺钉旋具

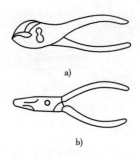

图 1-23 钳子
a)鲤鱼钳;b)尖嘴钳

使用钳子时应注意。
(1)不可用钳子替代扳手来拧紧或拧松螺母、螺栓;
(2)不可用钳子替代手锤随意敲击。

4. 电钻

电钻是手提式电动工具,如图 1-24 所示。

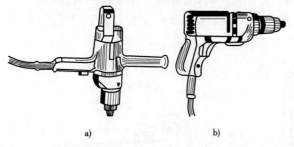

图 1-24 电钻
a)手提式;b)手枪式

电钻具有体积小、质量小,使用灵活、方便等特点。当工件不能使用钻床钻孔时,可使用电钻。

电钻的电源电压分单相(36V、220V)和三相(380V)两种。采用单相电压的电钻规格有 6mm、10mm、13mm、19mm 和 23mm 五种。采用三相电压的电钻规格有 13mm、19mm 和 23mm 三种,在使用时可根据不同情况进行选择。

电钻在使用前须空转 1min,检查传动部分的运转是否正常,如有异常,须排除故障后再使用。电钻使用时应遵守安全用电操作规程。

5. 电磨头

电磨头属磨削工具,如图 1-25 所示。适用于工、夹、模具的装配调整过程中,用于对各种形状复杂的工件进行修磨或抛光。

使用电磨头应注意以下几点:
(1)使用前应空转 2~3min,检查旋转声音是否正常。如有异常,需排除故障。
(2)新装砂轮须进行修整。
(3)砂轮外径不能超过磨头铭牌上规定的尺寸。

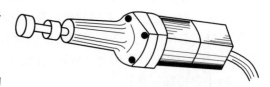

图 1-25 电磨头

(4)使用时砂轮和工件接触的力量不宜过大,更不能用砂轮冲击工件,以防砂轮爆裂造成事故。

五、钳工场地规则及安全操作注意事项

1. 钳工场地规则

一个合理的钳工场地是保证工人人身安全和文明生产的重要条件,因此,必须做到。

(1)保持工作场地平整、清洁、卫生,毛坯、原材料、工件等摆放整齐。

(2)主要设备布局合理。砂轮机、钻床应安装在场地的边沿,以保证安全。钳台应放在光线较好的地方。砂轮机房应有安全、通风和除尘等设施。

(3)工具的收藏要整齐,不应与工件混在一起。常用工具应尽量放在工作位置附近,养成文明生产的习惯。

(4)工作完毕后,所用的设备和工具都应该按要求进行清理,涂上机油,并放回原来位置。工作场地要清扫干净,铁屑等污物要送往指定地点。

(5)制定安全生产操作规程。

2. 钳工安全操作注意事项

(1)进入钳工场地,不得随意乱动各种设备和工具,更不得擅自使用自己不熟悉的设备和工具。

(2)使用电动工具之前,应检查接线是否良好。注意安全用电。

(3)禁止使用有缺陷的工具。

(4)不能用嘴吹和用手摸切屑。

(5)禁止在吊车吊起工件下面进行任何操作。

(6)搬运工件时要防止碰伤。

(7)遵守钳工工艺中各工序的安全操作规程。

课题二
划 线

 教学要求

1. 熟悉划线的作用、种类和划线用工具的名称及使用方法;
2. 掌握平面划线的基本方法;
3. 了解立体划线的方法。

一、划线的种类和作用

划线工作可以在毛坯上进行,也可以在已加工面上进行,一般分为平面划线和立体划线两种。划线的作用如下。

(1)确定工件的加工余量,明确尺寸的加工界线。

(2)在板料上按划线下料,可以正确排料,合理使用材料。

(3)复杂工件在机床上装夹加工时,可按划线位置找正、定位和夹紧。

(4)通过划线能及时地发现和处理不合格的毛坯,避免加工后造成损失。

(5)采用借料划线可以使误差不大的毛坯得到补救,加工后零件仍能达到要求。

二、划线工具与涂料

划线的精度不高,一般可达到的尺寸精度为 0.25~0.5mm,因此,不能依据划线的位置来确定加工后的尺寸精度,必须在加工过程中,通过测量来保证尺寸的加工精度。

1. 划线工具

常用的划线工具及其使用方法如表 2-1 所示。

2. 划线涂料

为了使零件表面划出的线条清晰,划线前在零件的表面上涂上一层薄而均匀的涂料,常用的涂料有以下几种。

1)白灰水

白灰水是用大白粉、桃胶或猪皮胶加水混合而成。也有用石灰水代替的。一般用在铸锻件毛坯表面。

2)晶紫

用紫颜料2%~4%,加漆片3%~5%和酒精91%~95%混合而成。一般用于已加工表面。

常用划线工具及其使用方法

表 2-1

工具名称	使用方法及注意事项	图示	备注
划线平台	（1）使用时避免撞击、磕碰，以免降低精度； （2）使用完后要擦拭干净，并涂上机油以防生锈	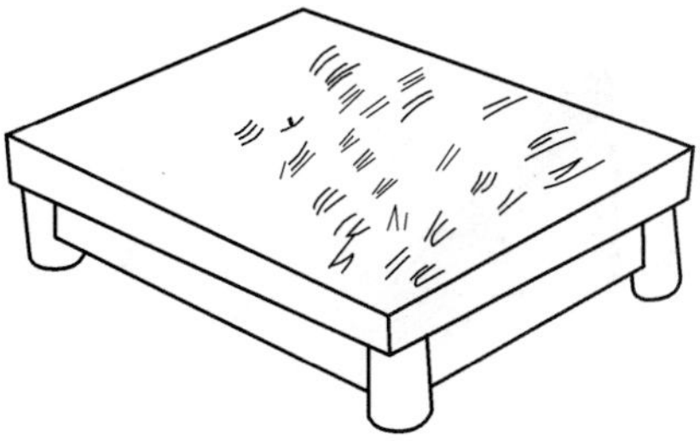	材料：铸铁，表面经过精刨、刮削等精密加工的平板。可用做划线时的基准平面，用于放置工件和划线工具
划针	（1）配合钢尺、角尺、样板等导向工具一起使用； （2）尽量做到一次划成，不要连续几次重复地划同一线条，否则线条变粗或不重合，反而模糊不清	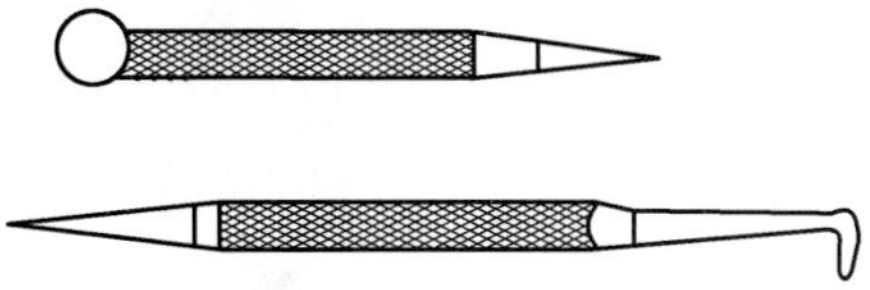 a)正确　　b)错误	材料：碳素工具钢、弹簧钢丝或硬质合金焊接在钢材头部制成。钢质划针经热处理硬化、磨制而成。 直径为 3~6mm，长 200~300mm，尖端磨成 15°~20°
样冲	（1）冲眼时，样冲先外倾，冲尖对准线正中，然后再直立打冲眼； （2）冲眼位置准确，不得偏离线条交点； （3）曲线上冲眼距离要近，圆周上最少有四个冲眼； （4）在交叉线条转折处有冲眼； （5）直线上冲眼距离可大些，但短直线上至少三个冲眼； （6）薄壁表面冲眼要浅，粗糙面上冲眼可深	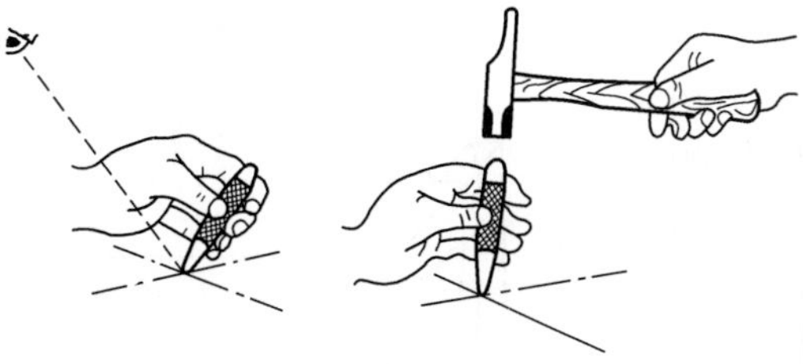	材料：常用工具钢或高速钢制成，长 50~120mm，尖端磨成60°（或30°、45°）的锥角后淬火

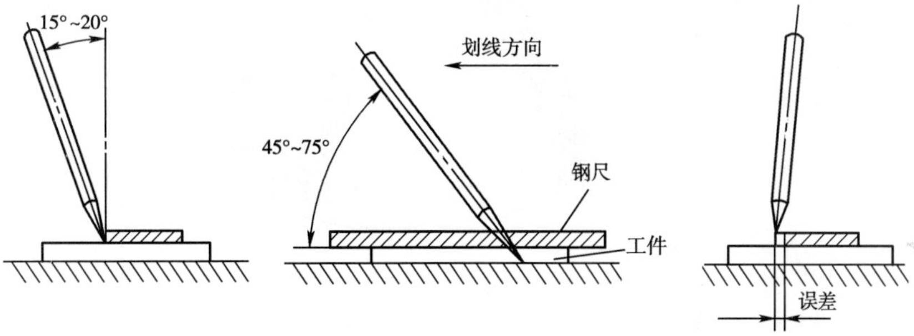

课题二 划 线

17

续上表

工具名称	使用方法及注意事项	图示	备注
V形铁	在划线或测量作业中,主要用来支承圆柱形工件,一般两块为一组,也可单独使用	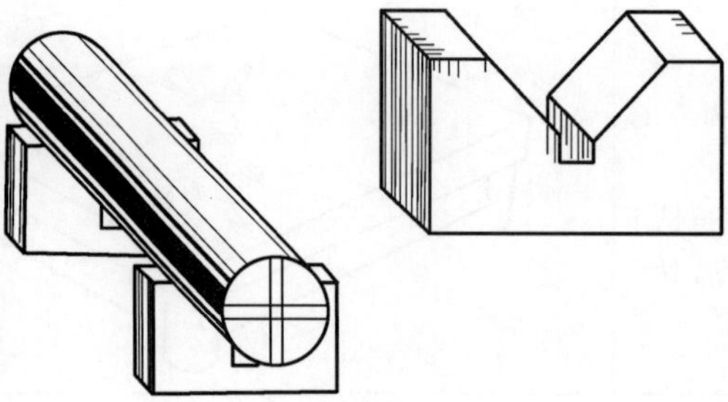	汽车发动机曲轴、凸轮轴就是放在V形铁上进行检测的
划线千斤顶	主要用于支承毛坯或形状不规则的工件,一般三个为一组。 使用时,高度可以调整到符合划线要求的位置。 (1)划线千斤顶的底面要干净,安置平稳、牢固; (2)工件的支承点尽量不要选择在容易发生滑动的地方	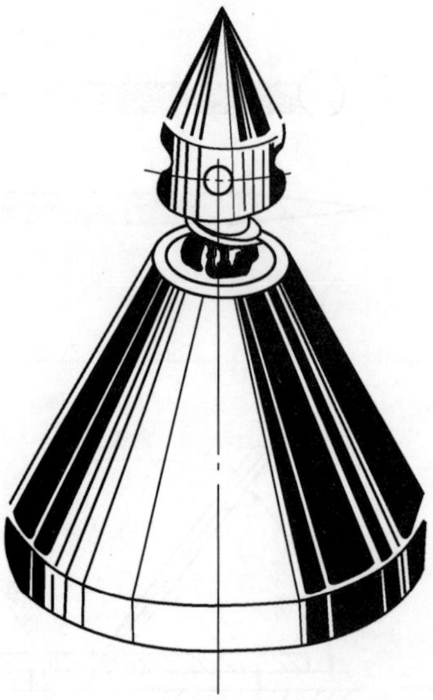	划线千斤顶俗称顶针
方箱	划线方箱是一个空心的立方体或长方体,相邻平面相互垂直	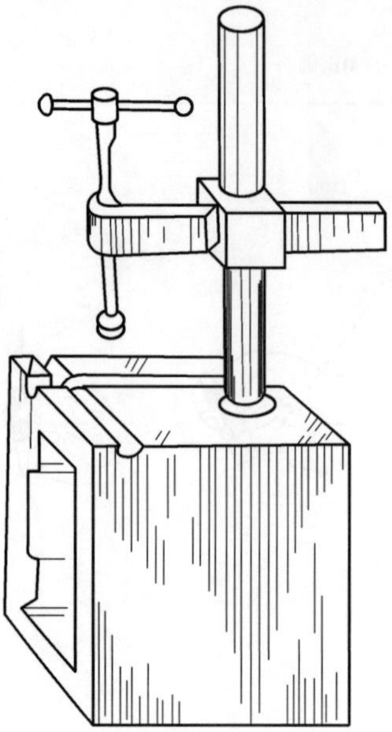	材料:铸铁

续上表

工具名称	使用方法及注意事项	图　示	备　注
划针盘	用来划线或找正工件的位置，由盘座、盘柱、夹头和划针四部分组成。拧松螺母可以在盘柱上下任意移动，同时划针可以围绕轴线旋转成任意角度	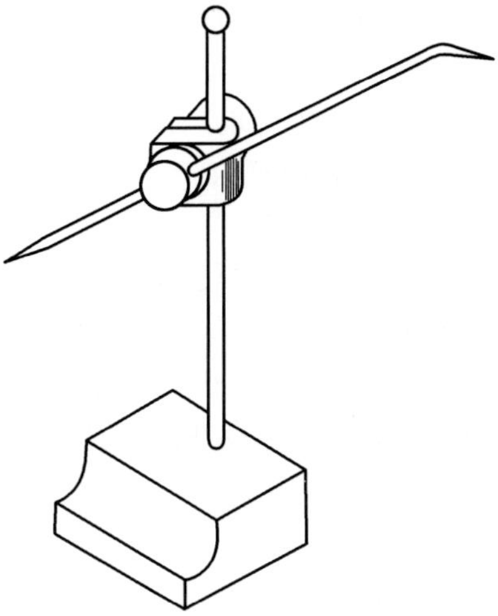	材料：划针盘底座由铸铁制成，底面与划线平台接触
划规	（1）用于划圆、圆弧，作角度等分，取线段和量取尺寸等； （2）除尺寸划规外，其他几种划规的两脚都磨成长短一致，而且两脚合拢时脚能靠紧，这样才能划出较小的圆弧。同时划规的脚尖要保持锋尖，以保证划出的线条清晰	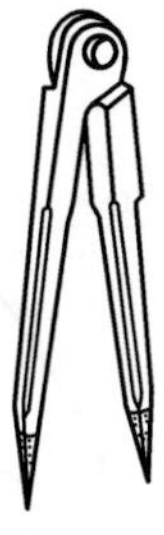 a) 普通划规 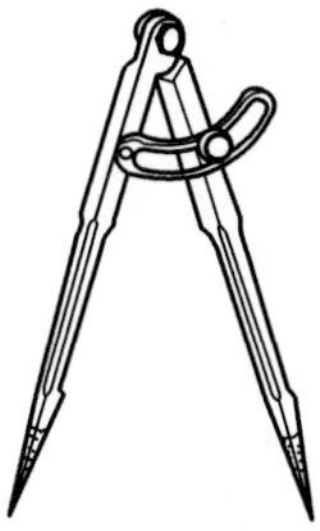　b) 扇形划规 　c) 弹簧划规 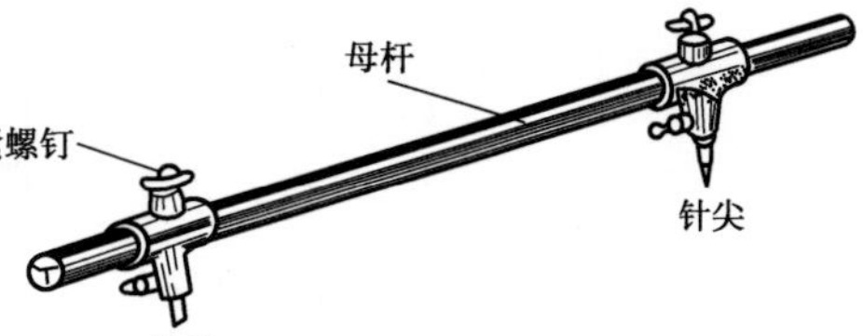 母杆　锁紧螺钉　针尖　针尖 d) 大尺寸划规	

3）硫酸铜溶液

硫酸铜溶液是用硫酸铜加水和少量的硫酸混合而成的。一般用于需要精加工的已加工表面。

三、划线基准的选择

任何工件图样都是由直线、曲线、圆、圆弧等线形组合而成的，为在待加工表面上划出上述线形或工件轮廓,在划线时必须找基准。所谓基准,是指在划线时用来确定零件尺寸、几何形状及相对位置的点、线、面。

1. 选择划线基准的原则

(1)划线时,首先分析图样,找出设计基准,再确定划线基准,使划线基准尽量与设计基准重合,有利于提高效率和质量。

(2)如果被加工工件上有不加工的表面,一般选不加工表面为划线基准。

(3)选择工件上的重要表面为划线基准。

(4)选择加工量小的表面为划线基准。

(5)工件若已有加工表面时,应尽量依据已加工表面为划线基准。

(6)在已加工工件上划线时,不要取孔的中心线(或对称平面)为划线基准,即使该线(或面)为设计基准,在划线时也无法使用。因为它是条假想存在的线(或面),不能作为实的划线依据,必须经过尺寸换算,转到实际存在的、精度高的、符合规定要求的平面上才有现实意义。

2. 常用的划线基准

常用的划线基准如表 2-2 所示。

划线基准的选择　　　　　表 2-2

基准类型	图　示
以两个相互垂直的平面(或线)作为基准	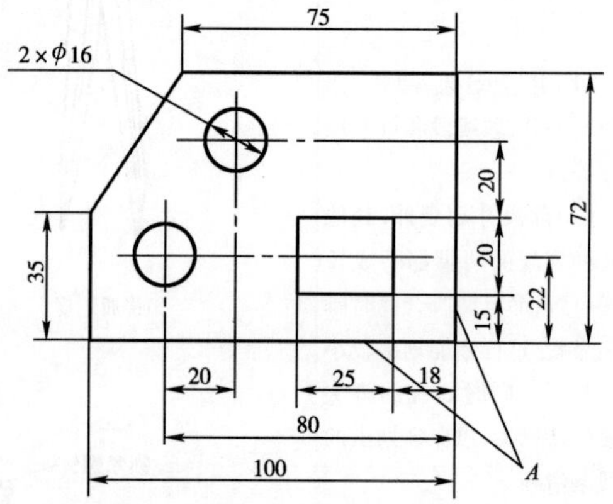
以两个相互垂直的中心线作为基准	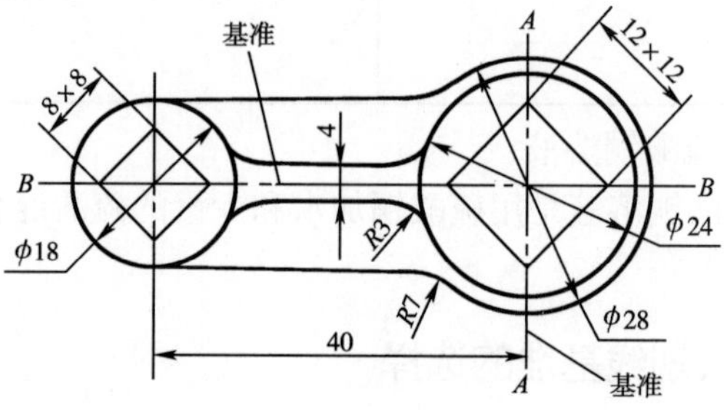

续上表

基准类型	图示
以一条中心线和与其垂直的平面作为基准	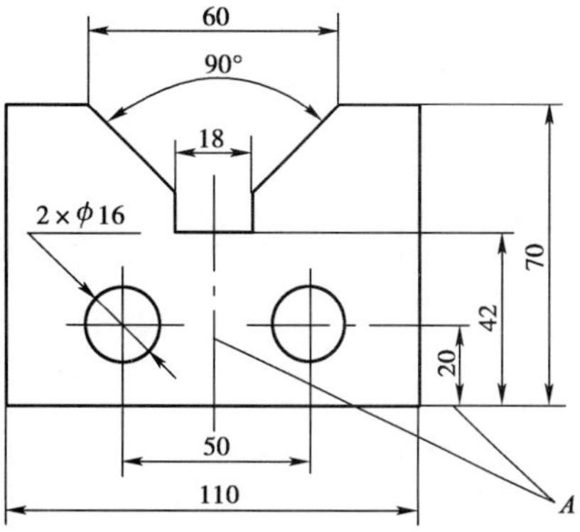

四、平面划线的基本方法

在工件的一个表面上划线即能明确表示加工界线的称为平面划线。其基本的常用的划线方法如表2-3所示。

常用划线方法　　　　　　　　　　　　　　　表2-3

	常用划线名称	图示	操作方法注解
平行线的划法	作图法划线	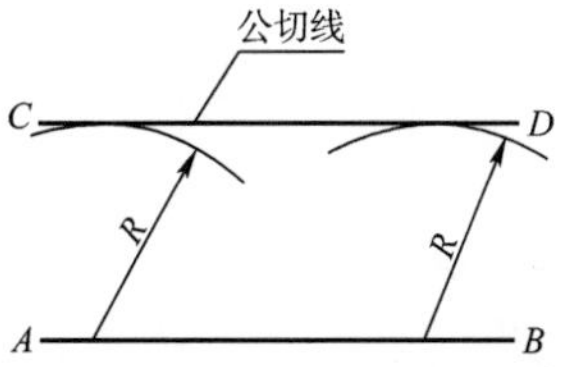	（1）以平行线之间的距离R为半径，以已知线AB上的任意两点为圆心划两圆弧； （2）作两圆弧的公切线CD，则CD与AB两线相互平行
	用90°角尺划线	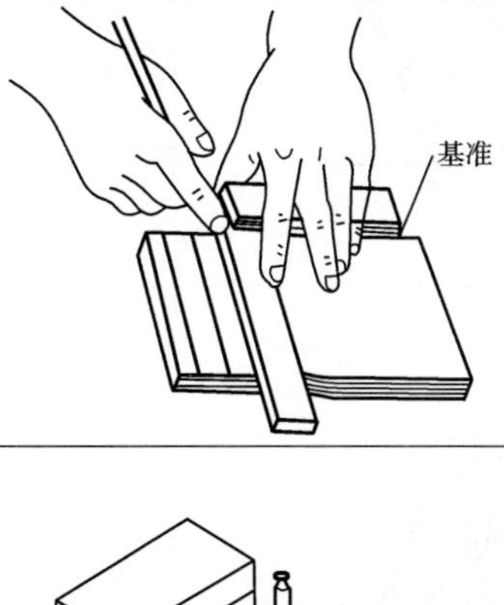	用90°角尺靠紧工件的基准面并移动，即可作出若干平行线
	用划线盘划线	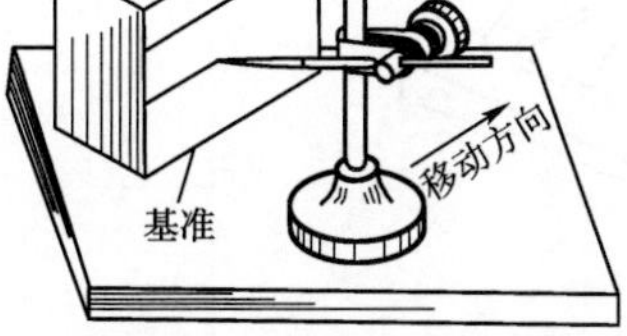	用划线盘、平板在工件的一个或不同角度的面上划平行于底面（或基面）的平行线，若改变划针高度，可划出若干平行于底平面的平行线

续上表

常用划线名称		图示	操作方法注解
垂直线的划法	用作图法划线	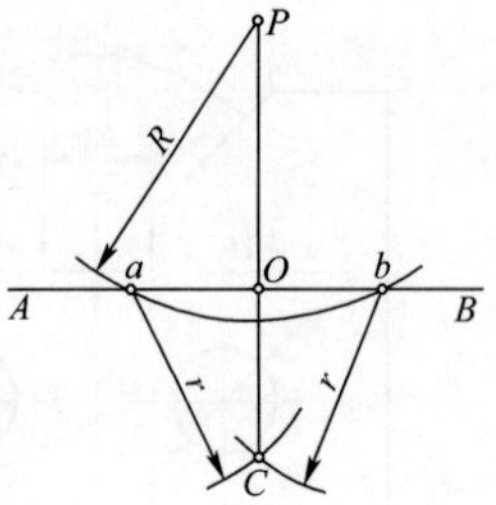	过任意点 P 作直线 AB 的垂直线的划法： (1) 以点 P 为圆心，以大于 P 到直线 AB 的距离为半径划弧，交 AB 直线于 a、b 两点； (2) 再分别以 a、b 为圆心，以大于 $ab/2$ 的线段为半径划弧，相交于 C 点； (3) 连接 CP，则 CP 线为 AB 线的垂直线
	用90°角尺划线	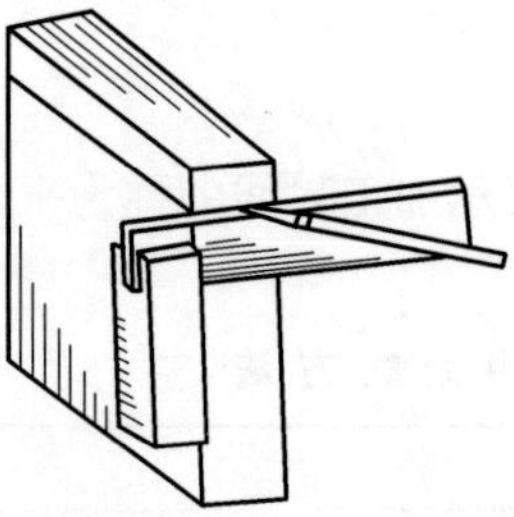	用90°角尺在工件的一个面或几个面上作与基面相垂直的直线
角度线的划法	作45°角	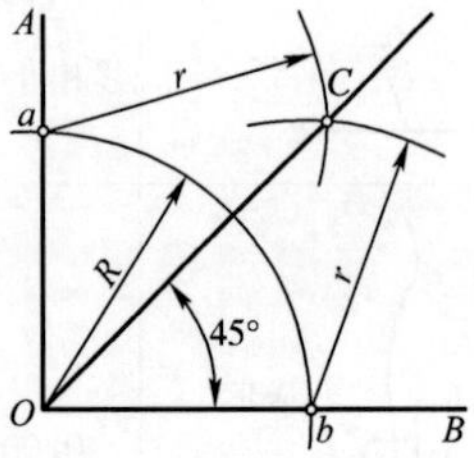	(1) 作直角 $\angle AOB$，再以 O 为圆心，任意长为半径划弧，交 OA 与 OB 于 a、b 两点； (2) 再分别以 a、b 为圆心，以大于 $ab/2$ 的线段为半径划弧，相交于 C 点，连接 CO，则 $\angle COA$ 与 $\angle COB$ 为45°
	用角度规划角度线	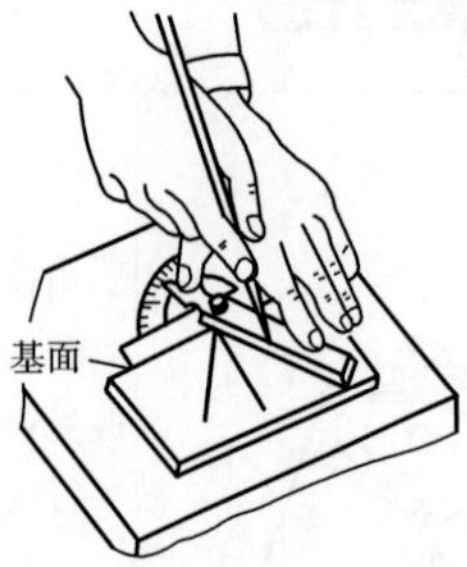	将尺身靠紧工件的基面上，转动直尺至要求的角度位置，即可划出要求的角度

续上表

常用划线名称	图　示	操作方法注解
等分圆周 — 四等分圆周（作正四边形）	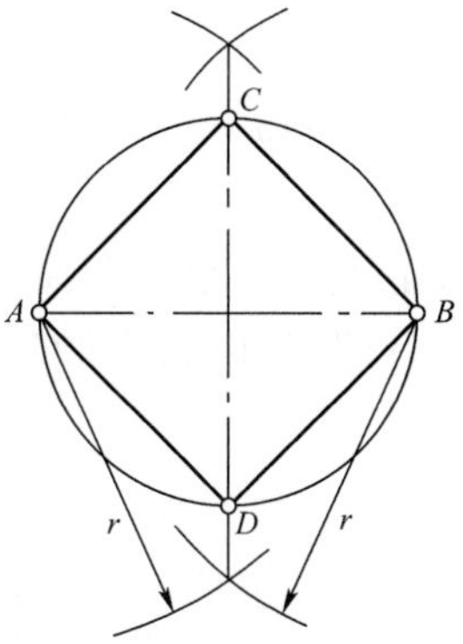	任取圆内一直径 AB，并作另一直径 CD 垂直于 AB，则 A、B、C、D 四点将圆周四等分；连接 AC、AD、BC、BD，则四边形 ACBD 为正四边形
等分圆周 — 六等分圆周（作正六边形）	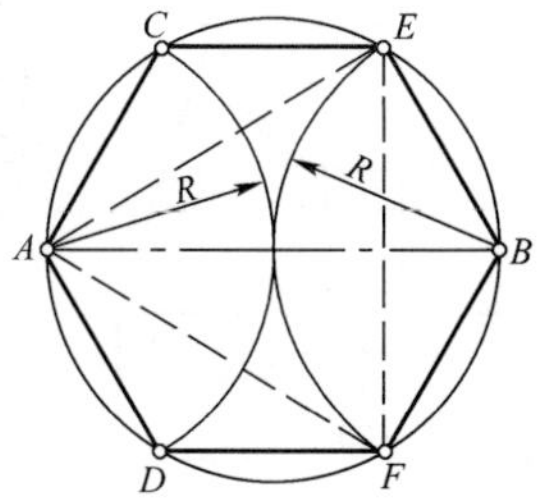	在圆内任取一直径 AB，分别以 A、B 为圆心，以圆的半径为半径划圆弧，交圆周于 C、D、E、F 点，则 A、C、E、B、F、D 六点将圆周六等分；连接 AC、AD、BE、BF、DF、CE 即为正六边形

五、立体划线

1. 立体划线的方法

立体划线的常用方法是直接翻转零件法，其基本划线步骤如下。

（1）看清图样，详细了解图样的技术要求，找出零件上所要划线的部位，弄懂零件的加工工艺；

（2）选择划线基准，确定装、夹方法；

（3）检查零件，做好划线前的准备工作；

（4）合理放置或夹紧工件，使划线基准平行或垂直于划线平台；

（5）划线；

（6）根据图纸检查所划线是否准确无误；

（7）在线条上打样冲眼。

2. 轴承座划线

图 2-1 所示是对轴承座进行划线的实例。该轴承座需要划线的部位有：底面、$\phi50$ 孔，2-$\phi13$ 螺钉孔以及两个端平面。

划线步骤如下。

（1）划底面加工线和中心孔线。用平板作划线基准，在板上放三只千斤顶支持轴承座底面，调整千斤顶高度并用划盘针找正。然后用高度尺划I-I线、底面加工线及凸台加工线。划I-I

线和底面加工线时,如果余量不够,可采用借料方法重新找正、划线,如图 2-1b)所示。

(2)划两螺钉孔线和中心线。将轴承座翻转 90°,用角尺按底面加工线找正垂直位置。画Ⅱ-Ⅱ基准线,画 2-2、2'-2'线,划两螺孔中心线,如图 2-1c)所示。

(3)划两个大端面加工线。将工件翻转到如图 2-1d)所示位置,通过千斤顶的调整和角尺的找正,使Ⅱ-Ⅱ中心线和底面加工线处于垂直位置,然后以两螺钉孔的中心为依据先划Ⅲ-Ⅲ基准线,然后划两个大端面的加工线。

(4)撤下千斤顶,用划规划出两端轴承孔、螺栓孔和顶部油杯孔的圆周线。

(5)在所划线条上打样冲眼。φ50 孔打四点即可,即圆周线和Ⅰ-Ⅰ、Ⅱ-Ⅱ基准线交点等。

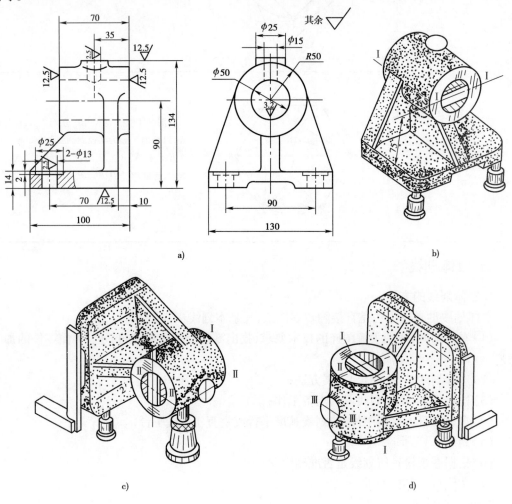

图 2-1 轴承座划线

六、划线操作实习

1. 平面划线操作实习

按图样要求,在废旧钢板上进行操作,如图 2-2 所示。

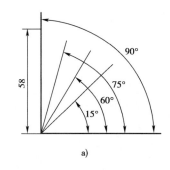
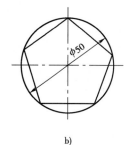
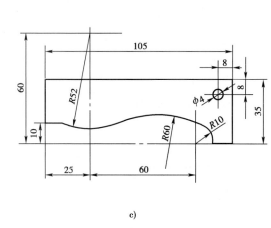
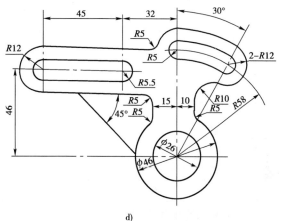

图 2-2 平面划线

1) 工具

划线平台、钢板尺、90°角尺、划针、划规、样冲、手锤。

2) 操作要求

(1) 正确使用划线工具；

(2) 划线粗细均匀，线条清晰，打样冲眼准确；

(3) 能正确读出量具刻度的数值。

3) 操作步骤

(1) 准备好划线工具；

(2) 清理工件，表面涂色；

(3) 分析图样，根据图样排版；

(4) 正确找出基准线，按几何作图法进行划线；

(5) 检查校对，打样冲眼。

4) 安全及注意事项

(1) 不准用手直接清理毛坯料；

(2) 必须正确使用工具；

(3) 防止盲目在工件上划线；

(4) 不要乱扔、乱放工件，养成文明生产的习惯；

(5) 打样冲眼时，注意安全；

(6)划线后,必须仔细复检校对;

(7)养成一丝不苟、严谨的工作态度。

5)划线操作记录及成绩评定(表2-4)。

划线操作记录及评分 　　　　　　　　　　　表2-4

序号	项目要求	配分	记录	评分标准	得分
1	涂色薄而均匀	10		涂色不均匀扣4分	
2	图形正确,分布合理	10		每图位置不当扣3分	
3	线条清晰,无重线	5		一处线条模糊扣1分	
4	圆弧线条连接圆滑	5		一处淬线不好扣2分	
5	尺寸误差±0.5mm	25		超差≤50%扣10分,超差>50%扣20分	
6	冲点位置公差0.03mm	5		冲偏一点扣2分	
7	样冲眼准确,分布均匀	10		分布不合理每处扣2分	
8	选用工具正确,操作姿势正确	10		一次不正确扣1分	
9	安全文明生产	10		违章扣分	
10	定额时间4h	10		每超过30min扣10分	
日期		班级	姓名	指导教师	

2. 立体划线操作实习

图2-1所示轴承座,也可以选用其他旧箱体,如转向机壳体、机油泵壳体等。

1)工具

钢板尺、游标卡尺、高度尺、划针、划规、直角尺、样冲、手锤划线平台等。

2)操作步骤

(1)清理工件,孔中装好中心塞铁;

(2)工件涂色;

(3)划基准线;

(4)以基准线为基准划其他尺寸线;

(5)依据图样检查正确与否,然后打样冲眼。

3)注意事项

(1)工件要安放稳妥;

(2)划线确定孔中心点要准确,样冲打眼不得冲偏;

(3)确定孔中心线前,必须检查平面度和垂直度,以保证中心线的准确性;

(4)操作练习记录及成绩评定(表2-4)。

课题三
金属錾削

> **教学要求**
> 1. 掌握正确的錾削姿势、工件的合理装夹和錾子的修整及刃磨方法;
> 2. 熟悉錾子在砧上和台虎钳上錾切板料的方法;
> 3. 用油槽錾錾削各种形状的油槽,达到粗细均匀、圆弧槽面光滑;
> 4. 了解錾子一般的热处理方法。

錾削是用锤子打击錾子对金属工件进行切削加工的方法。其主要用途是去除工件上的凸缘、毛刺,分割材料,錾削油槽及平面等不便进行机械加工的部位。

一、錾削工具

錾削用的主要工具是錾子和手锤。

1. 錾子

錾子是用碳素工具钢(T7A 或 T8A)锻造而成的,经热处理及刃磨后方可使用。钳工常用的錾子有扁錾、窄錾和油槽錾等,如图 3-1 所示。

2. 手锤

手锤是钳工的重要工具,根据其用途不同,锤头所用材料亦不同,一般可用碳素工具钢、铝、铜、硬木、橡胶或塑料等材料制成。碳素工具钢要经热处理淬硬后方可使用。锤头规格用质量来表示,有 0.25kg、0.5kg 和 1kg 等几种。手锤的结构如图 3-2 所示。

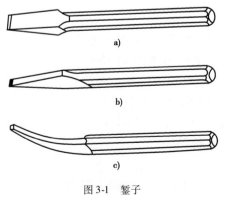

图 3-1 錾子
a)扁錾;b)窄錾;c)油槽錾

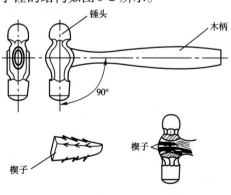

图 3-2 手锤

二、錾子的修整、刃磨和一般热处理方法

1. 錾子的修整与刃磨

錾子使用一段时间以后,常发生刃钝、卷边和切削刃崩口损坏等现象,因此,要在砂轮上修理、磨锐,严重的要重新锻制。刃磨时两手拿住錾身,右手在上,左手在下,使刃口向上倾斜靠在砂轮上,轻加压力,同时注意錾子的刃口要略高于砂轮水平中心线,在砂轮全宽上平稳均匀地左右移动錾身,并要经常蘸水冷却,以防退火,如图3-3所示。

在刃磨錾子的过程中注意:磨后的楔角大小要适宜,两刃面要对称,刃口要平直,刃面宽约为2~3mm,如图3-4所示。

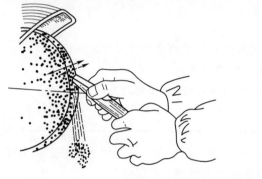
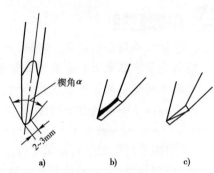

图3-3 錾子刃磨　　　　　　图3-4 錾子刃磨要求
　　　　　　　　　　　　　a)楔角;b)正确;c)错误

錾子楔角的大小要根据被加工材料的硬度来确定,被加工材料硬度愈高,则楔角愈大。楔角的数值可按表3-1选用。

錾子楔角的选择　　　　　　　　　　　　　　　　　　　　表3-1

工件材料	錾子楔角	工件材料	錾子楔角	工件材料	錾子楔角	工件材料	錾子楔角
工具钢、铸铁	60°~70°	低碳钢	30°~45°	结构钢	50°~60°	铝、锌	30°~40°

2. 錾子的热处理

图3-5 錾子淬火

錾子热处理包括淬火和回火两个工序。热处理前先将錾子切削部分进行粗磨,以便在热处理过程中识别其表面颜色的变化。

1) 淬火

錾子是用碳素工具钢(T7或T8)制成,淬火时可把切削部分约20mm长的一端均匀加热到750~800℃(呈樱红色),然后迅速取出垂直地浸入冷却水中冷却,浸入深度约为5~8mm,如图3-5所示,并在水中缓慢移动,加速冷却,提高淬火硬度,使淬硬部分与不淬硬部分不致于有明显的界线,避免錾子在此线上断裂。

2) 回火

錾子的回火是利用本身的余热进行的。当淬火的錾子露出水面部分显黑色时,即由水中取出,迅速用旧砂轮片擦去切削部分的氧化皮,利用上部的热量对切削部分自行回火,并

观察錾子刃部的颜色变化:如果经淬火的錾子是加工硬材料,则刃口部分呈红黄色时立即将錾子全部放入水中冷却至常温;如果经淬火的錾子是加工较软材料时,则刃口部分呈紫红色与蓝色之间时,立即将錾子全部放入水中冷却至常温。

三、錾削方法

1. 錾子的握法

握錾子的方法有两种,一种是正握法,如图3-6a)所示,左手手心向下,大拇指和食指夹住錾子,其余三指向手心弯曲握住錾子,不能太用力,应自然放松,錾子头部伸出20mm左右,该握法应用广泛。图3-6b)所示为反握法,左手手心向上,大拇指放在錾子侧面略偏上,自然伸曲,其余四指向手心弯曲握住錾子,这种握錾子的方法錾削力较小,錾削方向不容易掌握,一般在不便于正握錾子时才采用这种方法。

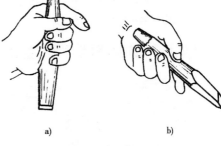

图3-6 錾子握法
a)正握法;b)反握法

2. 站立位置

錾削时,身体在台虎钳的左侧,左脚跨前半步与台虎钳中心线呈30°角,如图3-7所示,左腿膝盖略弯曲,右脚习惯站立,一般与台虎钳中心线约呈75°角,两脚相距250~300mm。右腿要站稳、伸直,不要过于用力,此时身体与台虎钳中心线约呈45°角,并略向前倾,保持自然。

3. 挥锤方法

根据錾削余量大小不同,挥锤的方法亦不相同。当錾削余量较小或錾削开始和结尾时,錾削力较小,此时,五指紧握锤,用手腕运作进行挥锤,称为腕挥,如图3-8a)所示,这种挥锤方法锤击力较小;当錾削余量较大时,挥锤幅度也要大,此时,用手腕与肘部一起挥动击锤,

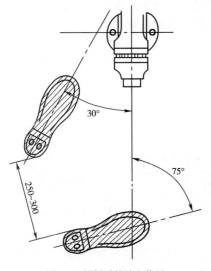

图3-7 錾削时的站立位置

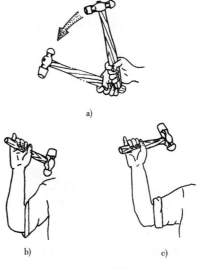

图3-8 挥锤方法
a)腕挥;b)肘挥;c)臂挥

锤击力较大,称为肘挥,如图3-8b)所示;当手腕、肘和全臂一起挥动时,锤击力最大,称为臂挥,如图3-8c)所示。

4. 锤击要领

(1)锤击时,目视錾刃,左脚着力,右腿伸直。

(2)锤击动作要稳、准、有力、有节奏,动作不能太快或太慢(一般腕挥约50次/min,肘挥约40次/min)。

(3)锤击力量的大小与锤子的质量和手臂提供给它的速度有关,锤子质量增加一倍,锤击能量增加一倍;而锤子击下的速度增加一倍,锤击能量增加四倍,因此,锤子敲下去时要有加速度,以有效地增加锤击力。

四、板料切断、錾削平面、錾削油槽的方法

1. 板料切断

(1)用錾子将薄板料切断,可以将工件夹在装有角钢衬垫的台虎钳上进行,如图3-9所示。用宽錾子以与板面成约45°角自右向左錾削。工件的切断线应与所垫角钢平齐。

(2)錾削厚度在4mm以下的大型板材时,可在工件下面垫上软铁,从一面錾削,如图3-10所示。

(3)当錾削形状复杂的较厚板材时,应先沿轮廓线钻出相切的排孔,然后再用宽錾或窄錾逐步切成,如图3-11所示。

2. 錾削平面

(1)錾削窄平面时,錾子的切削刃应与錾削方向倾斜一个角度,如图3-12a)所示,使切削刃与工件有较多的接触面。

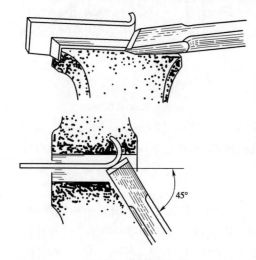

图3-9 薄板料的切断

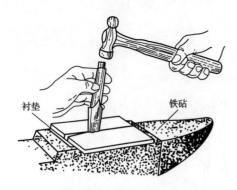

图3-10 大型板料的切断

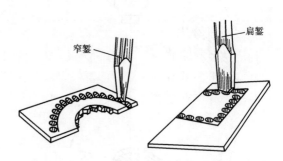

图3-11 用扁錾、窄錾分割厚板料

(2)錾削较宽的平面时,一般先用窄錾开槽,然后再用宽錾錾去剩余部分,如图3-12b)所示。起錾时,应从工件边缘尖角处着手,使錾子容易切入,避免产生打滑。当錾削到离尽头10mm左右时,应调头錾去余下部分,以防止工件边缘崩裂。

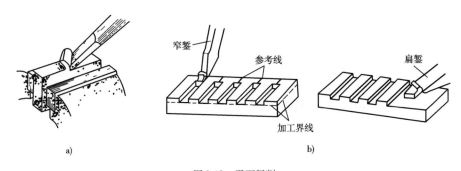

图 3-12 平面錾削
a)錾窄平面;b)錾宽平面

(3)錾削平面时的质量问题及其产生的原因见表3-2。

錾削平面时的质量问题及其产生的原因　　　　　表3-2

缺陷形式	产　生　原　因
表面粗糙	(1)錾子刃口崩裂或刃口卷刃不锋利; (2)冲击力不均匀; (3)錾子头部已锤平,使受力方向经常改变
錾削超越尺寸线	(1)工件装夹不牢; (2)起錾超线; (3)錾子方向掌握不正,偏斜越线
棱边、棱角崩裂	(1)忘记收尾未调头錾削; (2)刃口后部宽于切削刃部; (3)錾削过程中錾子左右摇晃; (4)起錾量太多
錾削表面凸凹不平	(1)錾子刃口不锋利; (2)錾子握法不对,左右、上下摇晃; (3)錾削中后角变化造成錾面凸凹不平; (4)錾子錾削时刃口不整齐; (5)錾削时未将工件放正,刃口倾斜錾入工件表面

3. 錾削油槽

油槽主要起输油和存油作用,因此,錾出的油槽必须光滑,深浅、宽窄一致。錾削油槽的方法和錾削平面基本一致。油槽錾好后,边上的毛刺应用刮刀或细锉刀修复。

4. 錾削操作安全注意事项

(1)錾子要经常刃磨锋利,以免錾削时打滑;
(2)錾子头部有毛刺或卷边时要磨掉,避免飞出伤人;
(3)手锤锤柄要牢固,不得有松动现象;
(4)錾削时应戴防护镜;
(5)工件要装夹牢固、稳当;
(6)工作台上安装安全网,防止切屑飞溅伤人。

五、錾削操作实习

1. 利用废旧钢板进行錾削实习(薄板料切断)

1)所需工具

扁錾、窄錾、手锤、划针、划规、样冲、铁砧、钢板尺等。

2)操作程序

(1)取两块废旧薄钢板,在表面上均匀涂色;

(2)用划针和钢板尺在其中一块上划直线,用划规在另一块薄钢板上划圆弧线,并打上样冲眼;

(3)将划直线的薄钢板牢固地装夹在台虎钳上,为了保护钳口不被錾坏,应在钳口与薄板间垫上角钢或其他垫铁,使切断线与角钢或垫铁上边平齐;

(4)用扁錾沿角钢并斜对着板面约30°~45°自右向左錾削,如图3-9所示;

(5)将划有圆弧的钢板放在铁砧上;

(6)用窄錾沿圆弧线錾削,如图3-13所示。

图3-13 薄钢板圆弧线錾削

3)錾削操作要求

(1)根据工件加工要求,正确选择錾子类型;

(2)掌握板料的正确装夹方法和錾削方法;

(3)掌握錾子的修整和刃磨方法。

4)錾削操作安全注意事项

(1)工件要夹紧,锤头要装牢,防止脱落伤人;

(2)修整和刃磨錾子时,应遵守砂轮机的安全操作规程;

(3)錾削圆弧,应先在全长线上錾出浅痕,然后逐步加深至錾断;每一錾应与前一錾有相重合的錾痕,以保证断面光滑平整。

5)錾削薄钢板操作成绩评定(表3-3)

錾削薄钢板操作记录及评分表　　　　　表3-3

序号	项目要求	配分	记录	评分标准	得分
1	工具的选用	10		按不正确程度扣分	
2	直线錾削姿势	15		按不正确程度扣分	
3	圆弧錾削姿势	15		按不正确程度扣分	
4	工件錾口平直圆整	15		按錾口平直度给分	
5	握锤与挥锤动作	15		按正确程度给分	
6	锤击落点准确	10		按正确程度给分	
7	工件夹持正确	10		按正确程度给分	
8	工具、量具安放位置正确,排列整齐	10		按不正确程度扣分	
9	操作时间定额2h			每超过10min扣2分	
日期		班级		姓名	指导教师

2. 錾削油槽

按图 3-14 所示要求进行錾削油槽实习。

1）錾削油槽实习要求

（1）掌握油槽的錾削加工方法和技能，錾削质量达到油槽的技术要求；

（2）掌握錾子的刃磨方法。

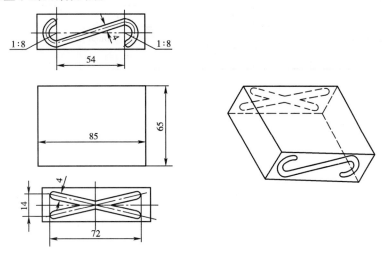

图 3-14　錾削油槽

2）所需工具和量具

油槽錾、手锤、划规、划针、游标卡尺、直角尺、钢板尺等。

3）操作步骤

（1）按图样上的油槽断面形状和尺寸刃磨油槽錾，并要求磨成 60°~70°楔角，圆弧面圆滑光洁；

（2）按图样要求在长方体两侧面上划出油槽加工线；

（3）先錾直油槽，然后錾削圆弧形油槽；

（4）用锉刀锉去槽边毛刺；

（5）用工具、量具检验油槽各几何尺寸和技术要求。

4）錾削操作注意事项

（1）刃磨后的油槽錾，可先在废件上作试錾检查，符合要求后再在工件上錾削；

（2）保持錾削角度一致，采用腕挥法锤击，锤击力量均匀，錾出的油槽深浅一致，槽面光滑；

（3）防止锤头脱落。

5）錾削油槽操作成绩评定（表 3-4）

錾削油槽操作记录及评分　　　　　　　　　　表 3-4

序号	项目要求	配分	记录	评分标准	得　分
1	宽度尺寸要求 4mm（两面）	10×2		一处超差扣 4 分	
2	錾削痕整齐	5×2		一处不整齐扣 2 分	
3	槽底圆光洁（两面）	10×2		一处不合格扣 4 分	

续上表

序号	项目要求	配分	记录	评分标准	得分
4	槽形和位置正确(两面)	10×2		一处较差扣4分	
5	圆弧连接圆滑	10		一处连接较差扣2分	
6	油槽錾刃磨正确	10		不正确扣8分	
7	安全文明生产	10		违章扣分	
8	工时定额2h			每超过10min扣2分	
日期		班级	姓名	指导教师	

课题四
金属锉削

> 教学要求
> 1. 熟悉锉刀的种类、结构、选用和维护方法;
> 2. 掌握正确的锉削姿势和工件的合理装夹方法;
> 3. 掌握各种平面、曲面、槽、孔的锉削方法和检查方法;
> 4. 锉削一定大小的平面,能达到形位公差和表面粗糙度的要求。

锉削是用锉刀对工件进行切削加工的方法。它常用于加工平面、曲面、孔、内外角和沟槽等各种复杂的形体表面,还可以配键,制作样板,整修特殊要求的几何形体或不便于机械加工的场合。锉削可以达到较高的尺寸精度(0.01mm)、形位精度和表面粗糙度($R_a 0.8 \mu m$)。锉削是钳工的一项基本操作技能。

一、锉刀的构造、选用及维护

1. 锉刀

锉刀是用碳素工具钢 T12 或 T13 经热处理后,再将工作部分淬火制成的。

1) 锉刀的构造

锉刀由锉身(工作部分)和锉柄两部分组成,如图 4-1 所示。锉身的上下两面为锉面,是锉刀的主要工作面,在该面上经铣齿或剁齿后形成许多小楔形刀头,称为锉齿,锉齿经热处理淬硬后,硬度可达 62~72HRC,能锉削硬度高的钢材。

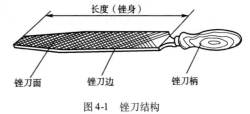

图 4-1　锉刀结构

2) 锉刀的种类

锉刀按用途不同可分为钳工锉(普通锉)、特种锉和整形锉三种。普通锉按其断面形状不同,又可分为扁锉、三角锉、半圆锉、方锉和圆锉等几种,如图 4-2 所示。

按锉齿的粗细(齿距大小)可分为 5 个号,其中 1 号锉纹最粗,齿距最大,一般称为粗齿锉刀(每 10mm 轴向长度内的锉纹条数为 5.5~8);2 号锉纹为中粗锉刀(每 10mm 轴向长度内有 8~12 条锉纹);3 号锉纹为细齿锉刀(每 10mm 轴向长度内有 13~20 条锉纹);4 号锉纹为双细锉刀(每 10mm 轴向长度内有 21~30 条锉纹);5 号锉纹为油光锉刀(每 10mm 轴向长度内有 31~56 条锉纹)。

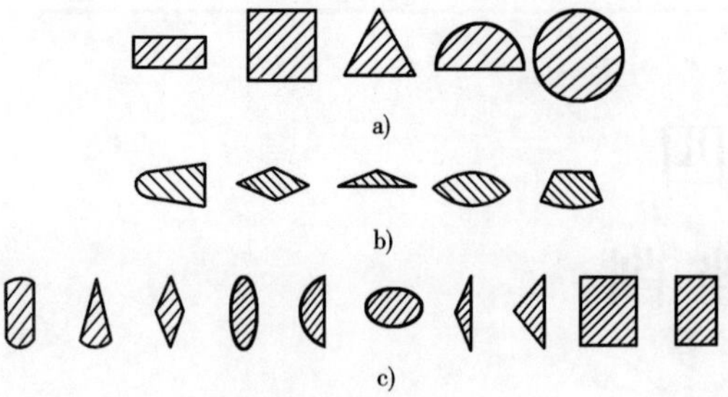

锉刀粗细的选择取决于被锉削材料的性质、加工余量、加工精度和表面粗糙度要求。粗锉刀用于粗加工或锉有色金属;中锉刀用于粗加工后的加工;细锉刀用于锉削加工余量小、表面粗糙度小的工件;油光锉刀只用于对工件进行最后表面修光。

2. 锉刀的尺寸规格

钳工锉以锉身(自锉梢端至锉肩之间的距离)长度表示,有100~150mm、200~300mm、350~450mm几种规格。异形锉和整形锉的全长即为规格尺寸。

图4-2 锉刀断面形状
a)钳工锉断面形状;b)异形锉断面形状;c)整形锉断面形状

3. 选用锉刀的原则

1)锉刀断面形状的选用

锉刀的断面形状应根据被锉削零件的形状来选择,使两者的形状相适应,如图4-3所示。锉削内圆弧面时,要选择半圆锉或圆锉(小直径的工件),如图4-3c)、e)所示;锉削内角表面时,要选择三角锉,如图4-3b)所示;锉削内直角表面时,可以选用扁锉或方锉等,如图4-3a)、d)所示。选用扁锉锉削内直角表面时,要注意使锉刀没有齿的窄面(光边)靠近内直角的一个面,以免碰伤该直角表面。

2)锉刀齿粗细的选择

锉刀齿的粗细要根据精加工工件的余量大小、加工精度、材料性质来选择。粗齿锉刀适用于加工大余量、尺寸精度低、形位公差大、表面粗糙度数值大、材料软的工件;反之应选择细齿锉刀。各种粗细齿锉刀的加工范围请参见表4-1,使用时,要根据工件要求的加工余量、尺寸精度和表面粗糙度的大小来选择。

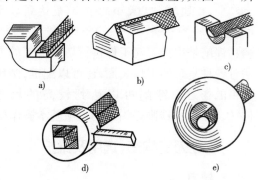

图4-3 不同加工表面用的锉刀
a)扁锉;b)三角锉;c)半圆锉;d)方锉;e)圆锉

粗细锉刀适合的加工范围　　　　表4-1

锉纹 (每10mm轴向长度内的锉纹数)	适 合 范 围		
	工序余量(mm)	尺寸精度(mm)	表面粗糙度R_a(μm)
5.5~8条(粗齿)	0.5~1	0.2~0.5	100~25
8~12条(中粗齿)	0.2~0.5	0.05~0.2	12.5~6.3
13~20条(细齿)	0.05~0.2	0.01~0.05	12.5~3.2

3)锉刀尺寸规格的选用

锉刀尺寸规格应根据被加工工件的尺寸和加工余量来选用。加工尺寸大、余量大时,要选用大尺寸规格的锉刀,反之要选用小尺寸规格的锉刀。

4)锉刀齿纹的选用

锉刀齿纹要根据被锉削工件材料的性质来选用。锉削铝、铜、软钢等软材料工件时,最好选用单齿纹(铣齿)锉刀。单齿纹锉刀前角大,楔角小,容屑槽大,切屑不易堵塞,切削刃锋利,容易锉削(或者选用粗齿锉刀)。锉削硬材料或精加工工件时,要选用双齿纹(剁齿)锉刀(或细齿锉刀)。双齿纹锉刀的每个齿交错不重叠,锉痕均匀、细密,锉削表面精度高。

二、锉削加工方法与工件的装夹

1. 锉刀的握法

1)大平锉刀的握法

粗锉重锉时,大平锉刀的柄部抵在拇指根部的手掌上,大拇指放在把柄上部,其余手指由上而下地握着锉刀柄;左手拇指根部肌肉压在锉刀上,拇指自然伸直,其余四指弯向掌心,用中指、无名指捏住锉刀前端,如图4-4所示。

2)中小型锉刀的握法

使用中型锉(200mm 左右)时右手的握法与握大平锉一样,左手的拇指与食指轻轻捏住锉身前端,如图4-5a)所示。使用小型锉(150mm 左右)时,右手拇指放在刀柄的上方,食指放在刀柄的侧面,其余手指则从下面稳住锉柄,用左

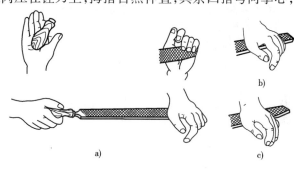

图 4-4 大平锉刀的握法

手的食指、中指、无名指压在锉身中部,以防锉身弯曲,如图4-5b)所示。整形锉(小于150mm)只用右手握住,拇指放在锉柄的侧面,食指放在上面,其余手指由上而下地握住锉刀柄,如图4-5c)所示。

2. 锉削的姿势与方法

1)平面锉削姿势

锉削时的站立步位和姿势如图4-6所示,两手握住锉刀放在工件上面;左臂弯曲,右小臂与工件锉削面前后方向保持基本平行。

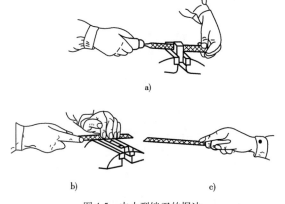

图 4-5 中小型锉刀的握法
a)中型锉的握法;b)小型锉的握法;c)整形锉的握法

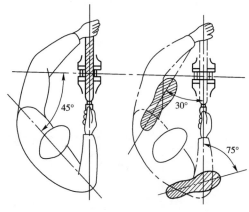

图 4-6 站立姿势

锉削时身体重心要落在左脚上,右腿伸直,左腿随锉削时的往复运动而屈伸。锉刀向前锉削的动作过程中,身体和手臂的运动情况如图 4-7a)所示。开始锉削时身体前倾约 10°左右,右脚后伸,右肘尽量向后收缩,以充分利用锉身有效长度。当锉刀推到 1/3 行程时,身体前倾约 15°左右,使左腿稍弯曲,如图 4-7b)所示;右肘再向前推到 2/3 行程时,身体逐渐倾斜到 18°左右,如图 4-7c)所示;当锉刀推到最后 1/3 行程时,手腕将锉刀推至尽头,身体随着锉刀的反作用力自然退回到前倾 15°左右位置,如图 4-7d)所示。锉削终止时,两手稍抬锉刀,取消压力抽回锉刀,身体恢复到原来姿势。

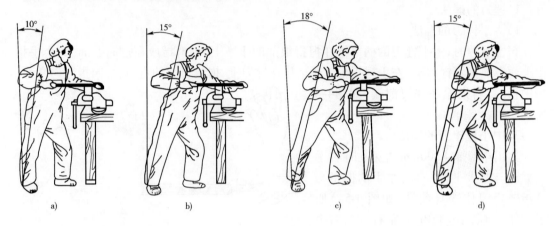

图 4-7　锉削动作

2）锉削时两手用力和锉削速度

以锉平面为例,锉削时,双手施加的压力要适当,以保证锉刀直线的锉削运动。锉削开始时,如图 4-8a)所示,右手施加的压力最小,左手施加的压力最大,使锉刀平稳地向前运动;随着锉刀向前运动,行程增加,左手施加的压力逐渐减小,右手施加的压力逐渐增大,当锉刀行至 1/2 行程时,左、右手施加的压力基本相等,锉刀处于水平状态,如图 4-8b)所示;当锉刀的锉削行程结束,锉刀即将返回的一瞬间,右手施加的压力增至最大,而左手施加的压力成为最小,如图 4-8c)所示,此时锉刀仍保持水平状态;当锉刀返回时,双手不加压力或双手将锉刀抬起,离开工件,快速返回起始位置,准备下一次的锉削,如图 4-8d)所示。

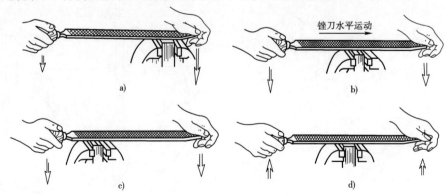

图 4-8　锉削平面双手用力方法
a）锉削开始；b）锉削中程；c）锉削终结；d）锉刀返回

3. 锉削的基本操作方法

锉削平面的基本操作方法有顺向锉、交叉锉和推锉三种。

1) 顺向锉

向一个方向锉削的方法称为顺向锉,是最常用的一种锉削法,如图4-9所示。锉削量不太大的加工面和最后精锉都是用这种方法。

2) 交叉锉

运锉方向相互交叉成角度的锉法称为交叉锉,常用于平面的粗加工,如图4-10所示。

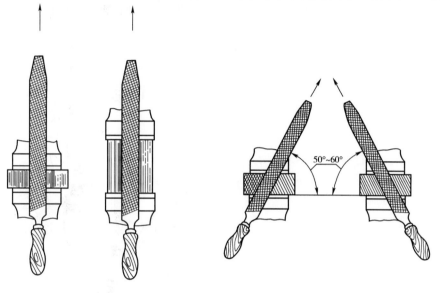

图4-9 顺向锉　　　　　　　　图4-10 交叉锉

交叉锉时锉刀与工件的接触面积大,锉削后能获得较高的平面度,但较粗糙。

3) 推锉

双手将锉刀横握往复锉削的方法称为推锉。一般用于窄长平面的平面度修整或对有凸台的窄平面以及使用圆弧面的锉纹成顺圆弧方向的精加工,如图4-11所示。

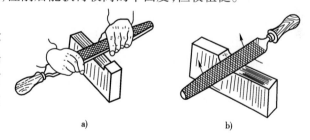

图4-11 推锉

4. 工件的装夹

装夹工件应符合以下两个要求:

(1) 工件要夹牢,但不能变形;已加工过的工件表面装夹时应加衬垫,以免破坏表面。

(2) 为防止锉削时产生颤动,工件装夹时伸出钳口长度要短。

三、平面、曲面的锉削方法

1. 锉削平面

1) 锉削大平面

锉削大平面时,装有一般木柄的锉刀不能用。可在锉刀上装一个弓形锉刀柄,如图4-12

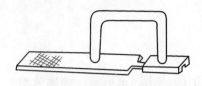

图 4-12 锉削水平面的锉刀

所示,然后用顺向锉和交叉锉的方法进行锉削。

2) 锉削窄平面

锉削窄平面一般可直接在台虎钳上夹持后进行。

3) 锉削直角面

(1) 锉削内外直角面时,先锉削外直角面,然后再锉削内直角面;

(2) 锉削外直角面应选择大或长的平面先锉削,然后锉削垂直面;

(3) 锉削内直角面应使用侧边是光面的锉刀,以防锉一面时将另一直角面破坏。先锉削外直角面中与基面平行的平面,再锉削另一面。

2. 锉削曲面

1) 锉削外圆弧面

锉削外圆弧面所用的锉刀都为平锉。锉削时,锉刀在作前进运动的同时还应环绕工件圆弧面中心摆动。

锉削方法如下:

(1) 顺着圆弧面锉,如图 4-13a) 所示。锉削时,锉刀向前,右手下压,左手随着上提。这种方法能使圆弧面锉削得光洁圆滑,但锉削位置不易掌握,且效率不高,故适用于精锉圆弧面。

(2) 对着圆弧锉,如图 4-13b) 所示。锉削时,锉刀作直线运动,并不断随圆弧面摆动。这种方法锉削效率高且便于按划线均匀锉近弧线,但只能挫近似圆弧面的多棱形面,故适用于圆弧面的粗加工。

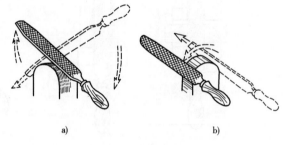

图 4-13 锉削外圆弧面
a) 顺着圆弧面锉削;b) 对着圆弧面锉削

2) 锉削内圆弧面

锉削内圆弧面的锉刀可选用圆锉、半圆锉。锉削时,锉刀要同时完成三个运动:前进运动,随圆弧面向左或向右移动,绕锉刀中心线转动。

锉削方法如图 4-14 所示。

3) 锉削球面

锉削球面时,锉刀在作外圆弧锉削动作的同时,还应环绕球面的中心和周向作摆动,如图 4-15 所示。

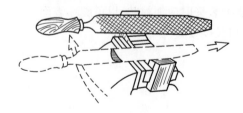

图 4-14 锉削内圆弧面

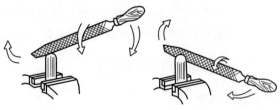

图 4-15 锉削球面

四、锉配

锉配是指两个或两个以上零件通过锉削能按一定的配合精度装配起来的一种加工方法。锉配工作一般选将要相配的两个零件中的一件锉得符合图样要求,再根据已锉好的加工件锉配另一件。由于外表面比内表面容易锉削加工,所以一般先锉好凸件的外表面,然后配锉凹件的内表面。下面以锉配 T 形体为例说明锉配的一般方法。

T 形体的锉配要求如图 4-16 所示。外 T 形体材料为 45 钢,内 T 形体为 HT150 灰口铸铁。内外 T 形体能转位配合,其配合间隙均应小于 0.06mm。

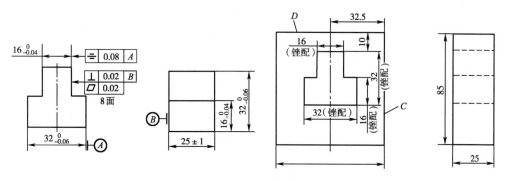

图 4-16　T 形体

锉配步骤见表 4-2。

T 形体锉配工序卡　　　　　　　　　　　　　　　　表 4-2

序号	工序	工序图	技术要求
1	下料锉正		
2	以 A、B 两面作为划线基准划出 T 形体各平面加工线,留有锉削余量		

续上表

序 号	工 序	工 序 图	技术要求
3	按划线锯去T形体的一侧长方块,粗、细锉两垂直面	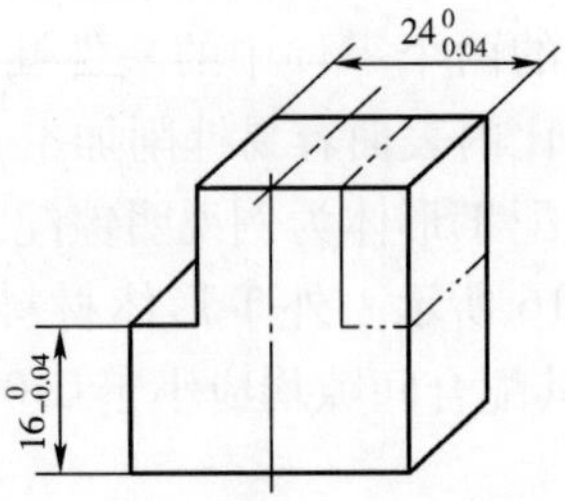 尺寸：$24_{-0.04}^{0}$，$16_{-0.04}^{0}$	
4	锯去T形体的另一侧长方块,粗、细锉两垂直面,达到图样要求	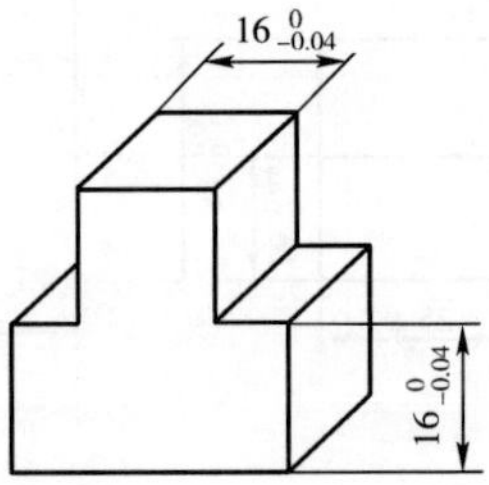 尺寸：$16_{-0.04}^{0}$，$16_{-0.04}^{0}$	
5	将各棱边去边倒棱,检查全部尺寸精度		
6	修锉C、D两垂直平面作为基准面	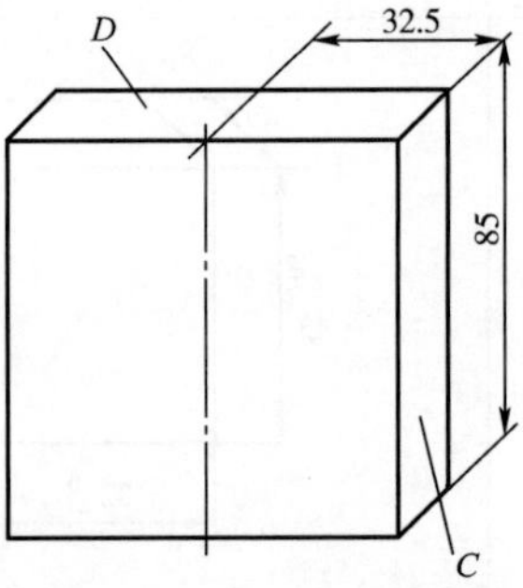 尺寸：32.5，85	
7	以C、D两面作为划线基准,划出内T形全部加工线	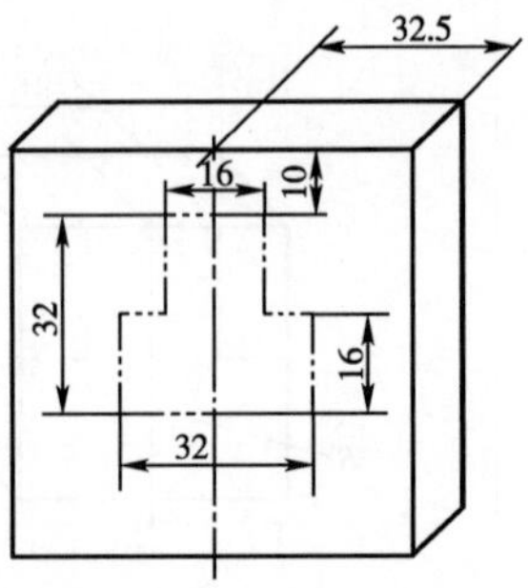 尺寸：32.5，16，10，32，16,32	

续上表

序号	工 序	工 序 图	技 术 要 求
8	钻排孔去除内T形孔余料	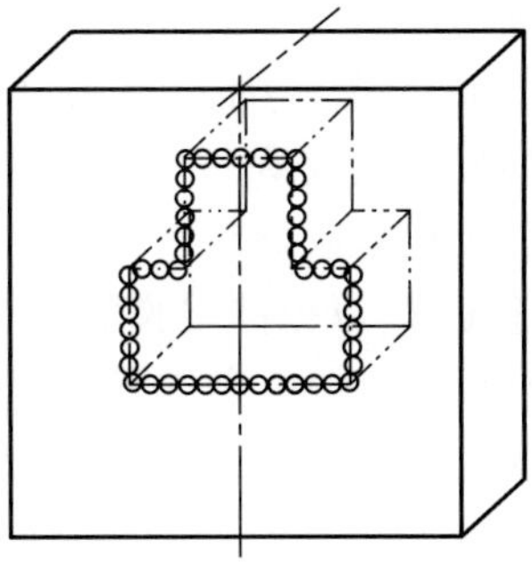	
9	粗、细锉尺寸2mm×16mm方形孔四面	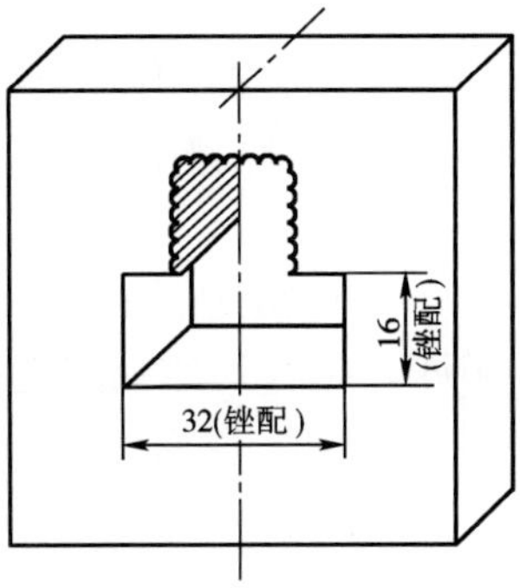	
10	粗、细锉尺寸2mm×16mm方形孔三面	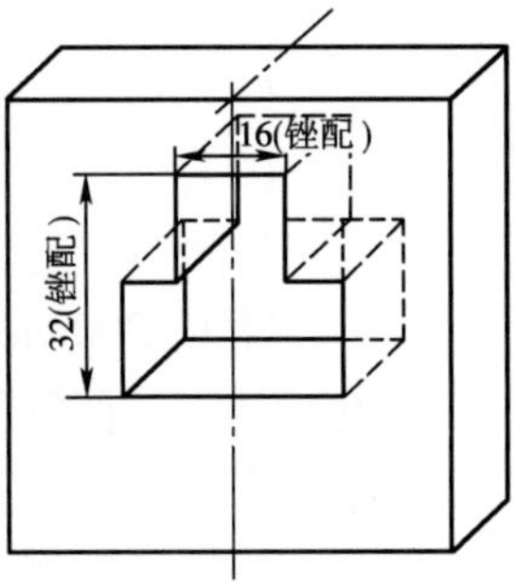	
11	用透光和涂色法检查,逐步进行修整,使外T形体推进推出松紧适当;再作转位试配,仍按涂色法检查修整,达到互换配合要求	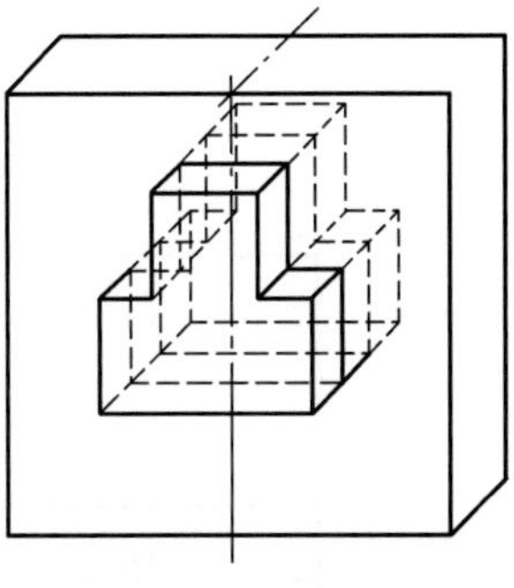	
12	各种边倒棱,打印记,用塞尺检查各配合精度		

五、锉削操作的安全注意事项

(1)合理装夹工件,正确选用锉刀;
(2)不使用无柄或柄已裂开的锉刀锉削,以免刺伤手腕;
(3)不用嘴吹切屑,防止切屑飞进眼睛;
(4)锉刀不可掉在地下,以免伤脚或折断;
(5)锉削时,锉刀不得碰撞工件,以免锉刀脱落伤人;
(6)锉刀不能作为撬棒或手锤使用,以免锉刀折断造成损伤;
(7)锉削过程中,不要用手摸锉刀表面,防止锉削时发生锉刀打滑现象。

六、锉削操作实习

以锉削长方体为例(图样见4-17),锉削操作实例如下。

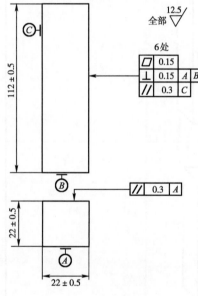

图4-17 锉削长方体

1)锉削操作要求

(1)掌握平行面、垂直面的锉削方法,达到图样要求的锉削精度;
(2)掌握用直角尺、游标卡尺等量具检查加工面垂直度、表面平行度、尺寸精度以及表面锉削质量的方法。

2)锉削顺序

(1)选择最大平面作为基准面锉平;
(2)先锉大平面,后锉小平面;
(3)先锉平行面,后锉垂直面。

3)工具、量具及材料

锉刀(300mm 粗平锉、250mm 细平锉)、划针盘、平板、钢板尺、直角尺、游标卡尺和 $\phi 35$ 圆钢、粗糙度比较样块等。

4)锉削操作步骤(表4-3)

长方体锉削加工工艺卡片　　　　表4-3

序号	工序	工序图	技术要求
1	下料		(1)按 $\phi 35 \times 114 \pm 1$ 下料; (2)两端要求与轴线垂直、平整

续上表

序号	工 序	工 序 图	技 术 要 求
2	立体划线	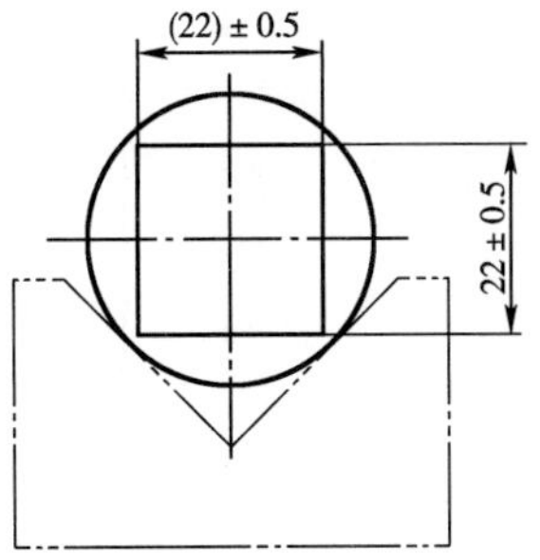	（1）两端面圆心保持同轴度； （2）两端面所划正方形保持同轴度
3	粗、细锉基准面 A 面	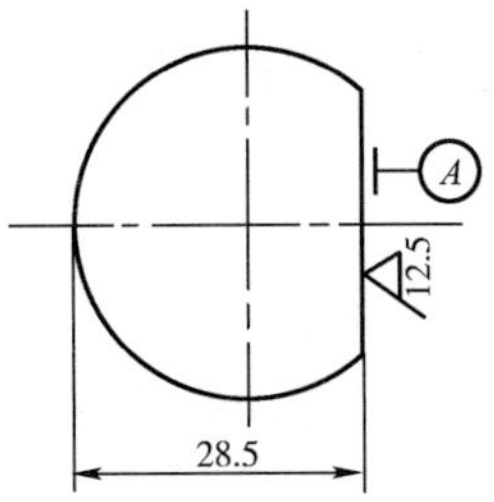	保证平面度和表面粗糙度 $R_a12.5$
4	粗、细锉 A 面对应面	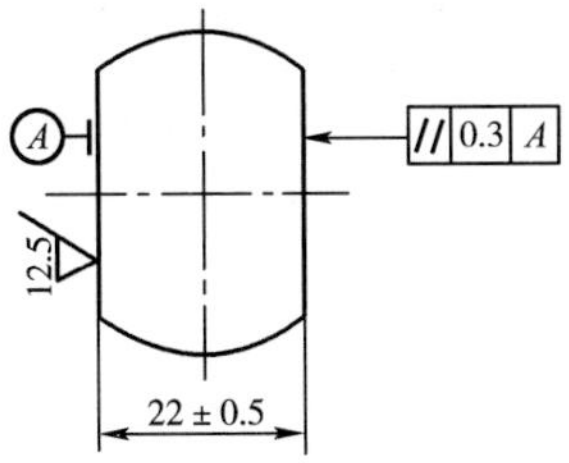	保证平面度、平行度、尺寸精度、表面粗糙度； 粗锉留 0.15mm 左右的精锉余量
5	粗、细锉 A 面的任一相邻面	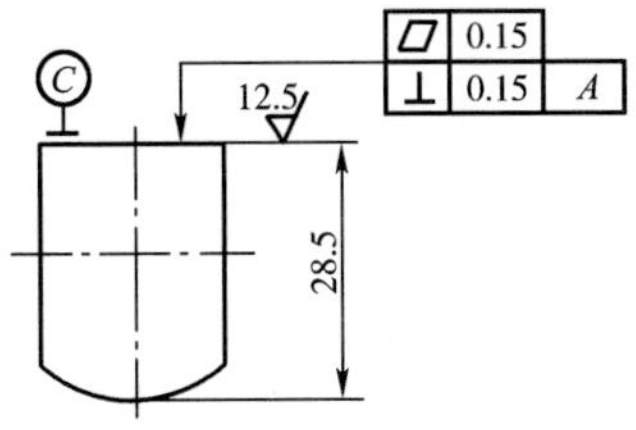	保证平面度、垂直度、粗糙度
6	粗、细锉 A 面的另一邻面	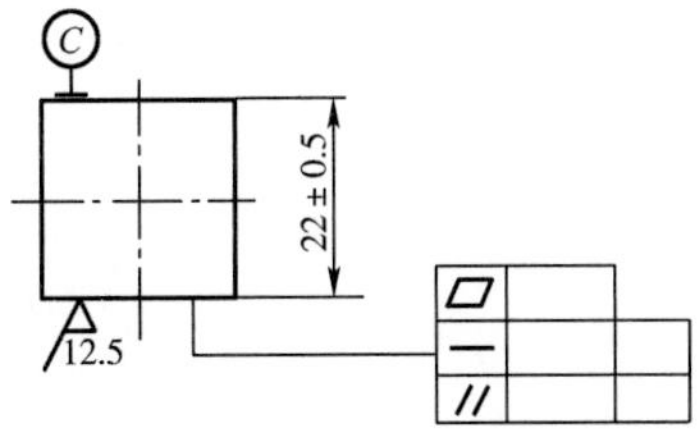	保证平面度、平行度、尺寸公差、粗糙度； 粗锉留 0.15mm 左右的精锉余量

续上表

序号	工 序	工 序 图	技 术 要 求
7	粗、细锉削两端面	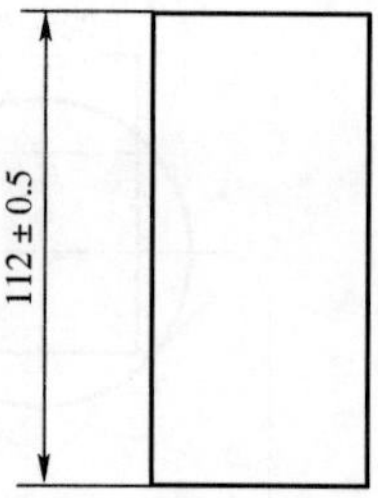 112±0.5	保证尺寸精度、表面粗糙度、平行度、平面度、垂直度

5）注意事项

（1）工件装夹时，在虎钳口垫好软金属衬垫，以免工件加工面夹伤。

（2）在锉削过程中，正确掌握锉削余量，随时检查尺寸，避免超差；先交叉锉，后顺锉，保证表面质量。

（3）先保证基准面 A 面的平面度、表面粗糙度要求后，再加工其他面。

（4）去锉屑时用钢丝刷刷掉，不准用嘴吹。

（5）为保证垂直度，各面横向尺寸差值必须首先尽可能取得较高的精度。测量时必须去毛刺，倒钝，保证测量的准确性。

6）锉削操作记录及成绩评定（表4-4）

长方体锉削操作记录及评分表　　　　　　　　　　表4-4

序号	项目要求	配分	记录	评分标准	得 分
1	尺寸 20±0.5mm	2×10		一处超差≤50%扣该处配分的1/2；超差>50%扣全部配分	
2	尺寸 112±0.5mm	10			
3	垂直度 0.15mm（四组）	4×4			
4	平行度 0.3mm（两组）	2×5			
5	平面度 0.15mm（四组）	4×4			
6	R_a12.5μm	6×2			
7	锉削姿势正确	16		按正确程度给分	
8	安全文明生产			违章扣分	
9	工时定额 5h			每超 30min 扣 5 分	
日期		班级		姓名	指导教师	

课题五
金 属 锯 削

教学要求

1. 熟悉锯削用工具的种类、结构与选择;
2. 掌握正确的手工锯削方法、姿势以及工件的合理装夹;
3. 掌握锯削各种板料、管子和型钢的方法;
4. 了解锯条损坏的原因及预防措施。

用锯对材料(或工件)进行切断或切槽等的加工方法称为锯削。锯削分为机械锯削和手工锯削两大类。手工锯削是使用手锯对小型工件或原材料进行锯削加工,是钳工的一项基本操作技能。

一、手锯

手锯是钳工用的锯削工具,由锯弓和锯条组成。

1. 锯弓

锯弓是用来安装锯条的,可分为固定式和可调式两种,如图 5-1 所示。

固定式锯弓只能安装一种长度的锯条,如图 5-1a) 所示;可调式锯弓能安装不同长度的锯条,如图 5-1b) 所示,是最常用的一种。锯弓的两端都有夹头,与锯弓的方孔配合,靠手柄方为活动夹头,用翼形螺母拉紧锯条。

2. 锯条

锯条一般用高碳钢制成,经过热处理淬火后方可使用。钳工常用的锯条长度是指两安装孔中心距的尺寸,常用锯条的长度为300mm。

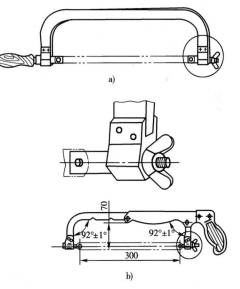

图 5-1 锯弓的种类
a)固定式;b)可调式

锯条的齿近似于前后排列的许多錾子,楔角为 β_0,在工作时形成前角 γ_0 和后角 α_0,$\alpha_0 + \beta_0 + \gamma_0 = 90°$,如图 5-2 所示。

制作锯条时,将锯齿按一定规律左右相互错开,称为锯路。锯路有交叉形和波浪形两

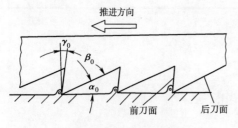

图 5-2 锯齿的切削角度

种,如图 5-3 所示。锯条有了锯路,在锯削时,工件上的锯缝宽度 A 大于锯条背部的宽度 B,从而减少了锯缝两侧与锯条的摩擦,避免夹锯和产生过热,减少磨损或折断。

3. 选用锯条的原则

选用锯条时,主要是根据锯削材料的性质和锯缝的深度来选择锯齿的粗细。锯齿的粗细以齿距 (t) 的大小来表示,一般分粗齿($t = 1.4 \sim 1.8 \text{mm}$)、中齿($t = 1 \sim 1.2 \text{mm}$)和细齿($t = 0.8 \text{mm}$)三种。齿距大,锯齿的容屑槽大,适用于锯削铜、铝、铸铁、中碳钢和低碳钢等软材料或锯缝深、厚度大的材料;细齿锯条适用于锯削管子、型钢(角铁、槽钢等)、薄板料、工具钢和合金钢等硬材料,细齿锯条的锯路一般为波浪形。

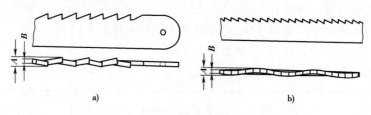

图 5-3 锯路
a) 交叉形;b) 波浪形

二、锯割的姿势、操作方法与工件的装夹

1. 握锯方法

如图 5-4 所示,右手满握锯柄,左手轻扶在锯弓前端,双手将手锯扶正,放在工件上准备锯削。

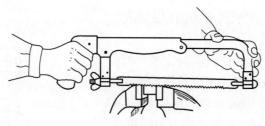

图 5-4 握锯方法

2. 站立位置和姿势

锯削时,操作者的站立位置和姿势与錾削基本相同,如图 5-5 所示。

3. 锯削动作

(1) 锯削前,左脚跨前半步,左膝盖处略有弯曲,右腿站稳伸直,不要太用力,整个身体保持自然。双手握正手锯放在工件上,左臂略弯曲,右臂要与锯削方向基本保持平行,顺其自然,如图 5-6a) 所示。

(2) 向前锯削时,身体与手锯一起向前运动,此时,右腿伸直向前倾,身体也随之前倾,重心移至左腿上,左膝盖弯曲,如图 5-6b) 所示。

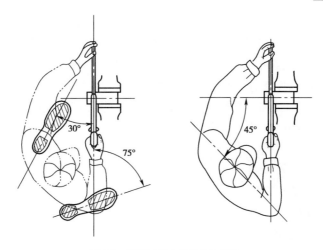

图 5-5　锯削时站立的位置和姿势

（3）随着手锯行程的增大，身体倾斜角度也随之增大，如图 5-6c) 所示。

（4）手锯推至锯条长度的 3/4 时，身体停止运动，手锯准备回程，如图 5-6d) 所示，此时，由于锯削的反作用力，使身体向后倾，带动左腿略伸直，身体重心后移，手锯顺势退回，身体恢复到锯削的起始姿势。当手锯退回后，身体又开始前倾运动，进行第二次锯削。

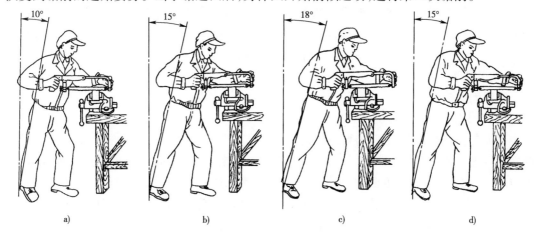

图 5-6　锯削动作

4. 锯条的安装

锯削时，锯向前推进为切削运动，所以安装锯条时，要注意锯齿应向前倾斜，如图 5-7 所示。锯条一侧面应紧贴在安装销轴的端面上，保证锯条平面与锯弓中心平面平行，然后由翼形螺母调节锯条的松紧。用手拨动锯条时手感硬实，并略带弹性，则锯条松紧适宜。若翼形螺母的拧紧力过大，会将锯条绷得太紧，锯削时，切削阻力略有增加，锯条就会崩断；拧紧力过小，锯条太松，锯削时，锯条容易扭曲而折断，同时，锯缝也容易歪斜。

5. 起锯方法

起锯是锯削运动的开始，首先将左手拇指按在锯

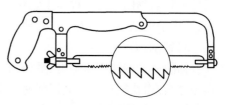

图 5-7　锯条的安装

削的位置上,使锯条侧面靠住拇指,起锯角(锯齿下端面与工件上表面间的夹角)约15°,如图 5-8a)所示。推动手锯,此时行程要短,压力要小,速度要慢。当锯齿切入工件约 2~3mm 时,左手拇指离开工件,放在手锯外端,扶正手锯进入正常的锯削状态。起锯的方法有两种:一种是远起锯法,在远离操作者一端的工件上起锯,如图 5-8b)所示;另一种是近起锯法,在靠近操作者一端的工件上起锯,如图 5-8c)所示。前者起锯方便,起锯角容易掌握,锯齿能逐步切入工件中去,是常用的一种起锯方法。

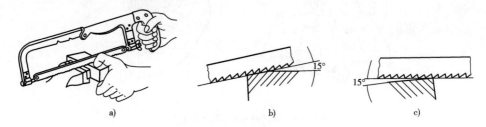

图 5-8 起锯方法
a)起锯开始;b)远起锯法;c)近起锯法

起锯时要注意锯条侧面必须靠紧拇指,或手持一物代替拇指靠紧锯条侧面,保证锯条在某一固定的位置起锯,并平稳地逐步切入工件,不会跳出锯缝。起锯角的大小要适当,起锯角太大时,会被工件棱边卡住锯齿,将锯齿崩裂,并会造成手锯跳动不稳;起锯角太小时,锯条与工件接触的齿数太多,不易切入工件,还可能偏移锯削位置,而需多次起锯,出现多条锯痕,影响工件表面质量。

6. 锯削运动要领

1)锯削用力方法

锯削时,对锯弓施加的压力要均匀,大小要适宜,右手控制锯削时的推力和压力,左手辅助右手将锯弓扶正,并配合右手调节对锯弓的压力。锯削时,对锯弓施加的压力不能太大,推力也不能太猛,推进速度要均匀,快慢要适中。手锯退回时,锯条不进行切削,不能对锯弓施加压力,应跟随身体的摆动,手锯自然拉回。工件将锯断时,要目视锯削处,左手扶住将锯断部分材料,右手推拉锯,压力要小,推拉要慢,速度要低,行程要短。

2)手锯的运动方式

锯削时,手锯的运动方式有两种:一种是锯削时,手锯作小幅度的上下摆动,即右手向前推进时,身体也随之向前倾,在左右手对锯弓施加压力的同时,右手向下压,左手向上翘,使手锯作弧形的摆动。手锯返回时,右手上抬,左手随其自然跟随,并携带手锯离开工件并退回。这种运动方式可以减少锯削时的阻力,锯削省力,提高锯削效率,适用于深缝锯削或大尺寸材料的锯断。另一种是手锯作直线运动,这种运动方式,参加锯削的齿数较多,锯削费力,适用于锯削底平面为平直的槽子、管子和薄板材料等。

3)锯削运动的速度

锯削运动的速度要均匀、平稳,有节奏,快慢适度,否则容易使操作者很快疲劳,或造成锯条过热,很快损坏。一般锯削速度为 40 次/min 左右,硬度高的材料锯削速度低一些;软的材料锯削速度可稍快一点;锯条返回时要比推进时快一些。

三、典型材料(工件)的锯削方法

1. 管材的锯削

锯削管材前,首先在管材的表面上划出锯削位置线(可用一矩形长纸条,紧紧地裹在管材的表面上,纸边对齐,然后用铅笔沿纸边划线,该线即为垂直管材轴线的锯削线),同时放在虎钳中夹牢,如图5-9a)所示。锯削时,应先在划线处起锯,锯至管内壁后,退出手锯,将管材沿推锯的方向转过一定角度,然后再沿原锯缝继续锯削至管内壁,如图5-9b)所示。按上述操作过程依次锯削,直至将管材锯断。

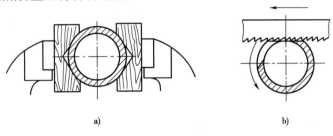

图5-9 管材锯削
a)管材夹持方法;b)管材转位锯削

锯削管材时还应注意以下几点。

(1)当第一次锯削结束后,管材要沿手锯的推进方向旋转,再沿原锯缝进行下一次锯削。若管材背离推进方向旋转,锯削时,管内壁会卡住锯齿,将锯齿崩裂或使手锯猛烈跳动,使锯削不平稳。

(2)管材转角不宜太大,否则下一次锯削时会脱离原锯缝,经几次转动锯断后,锯削表面不平,影响断面质量,必须再进行加工。

(3)管材要夹持牢固、可靠、安全,要防止管材变形。精度较高或大直径的管材,应垫带V形槽的木块,然后同时夹入虎钳中。

2. 板材的锯削

锯削薄板材时,板材容易产生颤动、变形或将锯齿钩住等,因此,一般采用图5-10a)所示的方法,将板材夹在虎钳中,手锯靠近钳口,用斜推锯法进行锯削,使锯条与薄板接触的齿数多一些,避免产生钩齿现象。也可将薄板夹在两木板中间,再夹入台虎钳中,同时锯削木板和薄板,这样增加了薄板的刚性,不易产生颤动或钩齿,如图5-10b)所示。

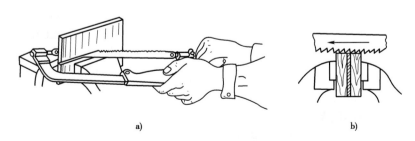

图5-10 板材锯削
a)斜推锯法;b)夹在木板中

3. 深缝锯削

深缝锯削经常出现锯缝深度大于锯弓高度的情况,如图 5-11a)所示,此时,可将锯条转过 90°再重新安装,使锯弓在工件的外侧,如图 5-11b)所示;或将锯弓转过 180°,锯弓放置在工件底部,然后再安装锯条,继续进行锯削,如图 5-11c)所示。

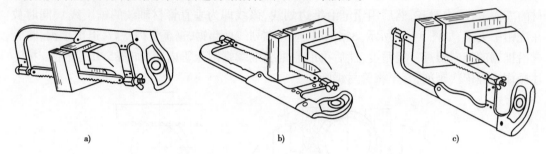

图 5-11 深缝锯削
a)锯削深度大于锯弓高度;b)锯条转 90°;c)锯弓转 180°

四、锯条损坏及锯缝产生歪斜的原因

1. 锯条损坏的原因

锯条损坏的原因及预防措施见表 5-1。

表 5-1 锯条损坏的原因

损坏形式	损 坏 原 因	预 防 措 施
锯条折断	(1)锯条选择不当; (2)锯条装夹过紧或过松; (3)错缝歪斜后,强行用锯条矫正; (4)工件未夹紧,锯削时产生松动; (5)压力太大,不均匀; (6)锯条在锯缝中被卡住; (7)锯断工件时锯条与台虎钳等物相碰	(1)合理选择锯条; (2)正确安装锯条,松紧适当; (3)扶正锯弓,按划线轻加压力锯削直到找正; (4)夹紧工件,锯缝靠近钳口; (5)压力控制适当; (6)调换锯条后,调头锯削; (7)调整工件与台虎钳的距离,清理工作台面
锯齿崩裂	(1)锯条粗细选择不当; (2)起锯方法不对,起锯角度太大; (3)锯削时碰到缩孔或杂质; (4)锯薄壁管子或薄板时,方法不当	(1)正确选用锯条; (2)正确选用起锯方法及角度; (3)碰到砂眼、杂质时减小压力; (4)正确选用锯削方法
锯齿磨损快	(1)锯削速度太快; (2)工件材料过硬; (3)没有加切削液	(1)放慢锯削速度; (2)对工件进行退火处理; (3)加冷却润滑液

2. 锯缝产生歪斜的原因

(1)安装工件时,锯缝线未能与铅垂线方向一致;
(2)锯条安装太松或相对锯弓平面扭曲;
(3)锯削姿势不正确,运锯时锯条左右偏摆;

(4)锯削施压不均,时而大时而小;

(5)手扶锯弓不正或用力后产生歪斜,使锯条偏离锯缝中心平面而斜靠一侧;

(6)使用锯齿两面磨损不均的锯条。

五、锯削操作实习

1. 型材的锯削操作实习

按图 5-12 所示要求进行锯削操作实习。

1)实习要求

掌握型材的夹持和锯削方法,并达到规定的尺寸要求。

2)工具和量具

锯弓、锯条、角尺、钢板尺、游标卡尺、划针盘、钳台。

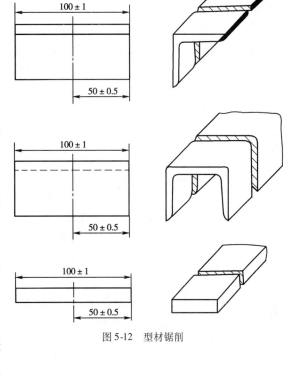

图 5-12 型材锯削

3)锯削操作步骤

(1)选择和安装好锯条;

(2)根据不同型材选择合适的工具进行划线;

(3)夹持好工件,按线锯削;

(4)检查锯削质量。

4)安全注意事项

(1)锯条安装正确,工件夹持牢固;

(2)姿势正确,运锯速度均匀,不宜太快;

(3)锯削时加少许机油,以延长锯条的使用寿命;

(4)工件快要锯断时,应用手扶住将要断落部分,防止掉下砸伤脚。

5)锯削操作记录及成绩评定(表5-2)

锯削操作记录及评分 表 5-2

序号	项目要求	配分	记录	评分标准	得 分
1	锯缝平直	20		一处不平直扣 5 分	
2	锯面光滑	20		一处不光滑扣 5 分	
3	工件夹持方法正确	10		按正确程度给分	
4	锯削姿势自然	10		按正确程度给分	
5	锯削操作方法正确	20		一次方法不正确扣 5 分	
6	锯条损失	20		每折断一根锯条扣 5 分	
7	安全文明生产			违章扣分	
8	时间定额 3h			每超 10min 扣 5 分	
日期		班级		姓名	指导教师	

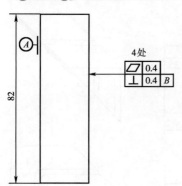

图 5-13 锯削矩形料块

2. 深缝锯削实习

按图 5-13 所示要求进行锯削操作实习。

1) 实习要求

掌握深缝的锯削方法。

2) 工具和量具

钳工台、锯弓、锯条、角尺、钢尺、高度游标卡尺、游标卡尺等。

3) 锯削操作步骤

(1) 检查毛坯尺寸,按图样要求划出锯削线;

(2) 锯削 A 面,达到平面度要求;

(3) 锯削 A 面的对应面,达到平面度、平行度和尺寸公差的要求;

(4) 锯削 B 面,达到平面度、垂直度的要求;

(5) 锯削 B 面的对应面,达到平面度、垂直度、平行度和尺寸公差的要求。

4) 注意事项

(1) 锯削速度不能过快,约控制在 40 次/min 以下;

(2) 锯削过程中应特别注意锯缝是否正、直,并严防折断锯条;

(3) 遵守安全操作规程。

5) 深缝锯削操作记录及成绩评定(表 5-3)

深缝锯削操作记录及评分　　　　　　　　表 5-3

序号	项目要求	配　分	实测记录	评分标准	得　分
1	尺寸公差 25±0.5mm	2×10		一处超差 ≤50% 扣该处配分的 1/2;超差 >50% 扣除该处全部配分	
2	平行度 0.8mm(两组)	2×9			
3	平面度 0.4mm(四处)	4×4			
4	垂直度 0.4mm(四处)	4×4			
5	断面锯痕	10		视平整程度给分	
6	锯条使用	10		每折断一根扣 5 分	
7	锯削姿势正确	10		按正确程度给分	
8	安全文明生产	5		视违章情况扣分	
9	时间定额 3h			每超 30min 扣 5 分	
日期		班级		姓名	指导教师	

课题六
钻、锪和铰

> **教学要求**
> 1. 了解常见手电钻和钻床的结构、性能与使用方法;
> 2. 掌握正确刃磨麻花钻的方法和孔的钻削技术;
> 3. 熟悉钻头折断的原因及预防措施;
> 4. 掌握锪孔刀具夹持类型及加工零件的方法;
> 5. 掌握圆柱和圆锥手用铰刀的使用方法,能应用于汽车维修中的气门座圈铰削或铰配连杆衬套等。

钻孔是用钻头在实体材料上加工孔的方法;用锪钻对工件孔口形面加工的操作叫锪孔;而用铰刀从工件孔壁上切除微量金属,来提高其尺寸精度和降低表面粗糙度的方法称为铰孔。钻孔、锪孔和铰孔是钳工的重要内容。

一、钻孔

钻孔是用钻头在实体材料上加工孔的方法。

钻孔是钻头与工件做相对运动来完成钻削加工的。在钻床上钻孔时,工件固定在工作台上,钻头安装在钻床的主轴孔中,主轴带动钻头做旋转运动并轴向移动进行钻削。这时,主轴的旋转运动称为主运动(v_c);主轴的轴向移动称为进给运动(v_f),如图 6-1a)所示。在车床上也可以进行钻孔,此时,工件装夹在车床的主轴卡盘上,主轴带动工件旋转,称为主运动(v_c);钻头装夹在尾座的套筒中,做轴向移动,称为进给运动(v_f),如图 6-1b)所示。

1. 钻孔设备

钻孔设备一般包括手电钻、钻床及夹具。

常用钻床有台式钻床、立式钻床和摇臂钻床。

1)台式钻床

台式钻床是一种安放在作业台上、主轴垂

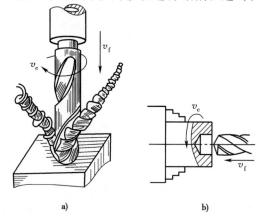

图 6-1 钻孔
a)在钻床上钻孔;b)在车床上钻孔

直布置的小型钻床，简称台钻。一般最大钻孔直径为 13mm，如图 6-2 所示。

台钻由机头、电动机、塔式带轮、立柱、回转工作台和底座等部分组成。电动机通过一对塔式带轮传动，使主轴获得五种转速。机头与电动机连为一体，可沿立柱上下移动，根据钻孔工件的高度，将机头调整到适当位置后，通过手柄锁紧方能进行工作。在小型工件上钻孔时，可采用回转工作台。回转工作台可沿立柱上下移动，或绕立柱轴线作水平转动，也可以在水平面内作一定角度的转动，以便钻斜孔时使用。在较重的工件上钻孔时，可将回转工作台转到一侧，将工件放置在底座上进行。底座上有两条 T 形槽，用来装夹工件或固定夹具。在底座的四个角上有安装孔，用螺栓将其固定。一般台钻的切削力较小，可以不加螺栓固定。

2）立式钻床

立式钻床是主轴箱和工作台安置在立柱上，主轴垂直布置的钻床，简称立钻，如图 6-3 所示。立钻的刚性好，强度高，功率较大，最大钻孔直径有 25mm、35mm、40mm 和 50mm 等几种。该类钻床可进行钻孔、扩孔、镗孔、铰孔、刮端面和攻螺纹等。

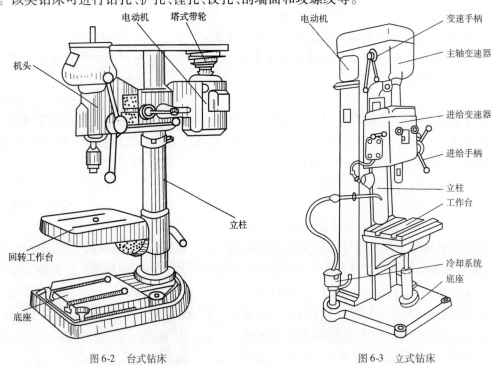

图 6-2 台式钻床　　　　图 6-3 立式钻床

立钻由主轴变速器、电动机、进给变速器、立柱、工作台、底座和冷却系统等主要部分组成。电动机通过主轴变速器驱动主轴旋转，变更变速手柄的位置，可使主轴获得多种转速。通过进给变速器，可使主轴获得多种机动进给速度，转动进给手柄可以实现手动进给。工作台上有 T 形槽，用来装夹工件或夹具，它能沿立柱导轨作上下移动。根据钻孔工件的高度，适当调整工作台的位置，然后通过压板、螺栓将其固定在立柱导轨上。底座用来安装和固定立钻，并设有油箱，为孔的加工提供切削液，以保证有较高的生产效率和孔的加工质量。

3）摇臂钻床

摇臂钻床用来对大、中型工件在同一平面内、不同位置的多孔系进行钻孔、扩镗孔、锪孔、铰孔、刮端面和攻、套螺纹等。其最大钻孔直径有 63mm、80mm、100mm 等几种,如图 6-4 所示。

摇臂钻床由摇臂、主轴箱、立柱、主电动机、方工作台和底座等部分组成。主电动机旋转直接带动主轴变速器中的齿轮系,使主轴获得十几种转速和十几种进给速度,可实现机动进给、微量进给、定程切削和手动进给。主轴箱能在摇臂上左右移动,加工在同一平面上、相互平行的孔系。摇臂在升降电动机驱动下能够沿着立柱轴线随意升降,操作者可手拉摇臂绕立柱转 360°,根据工作台的位置将其固定在适当的角度。方工作台面上有多条 T 形槽,用来安装中、小型工件或钻床夹具。当加工大型工件时,将方工作台移开,工件放在底座上加工,必要时可通过底座上的 T 形槽螺栓将工件固定,然后再进行孔系的加工。

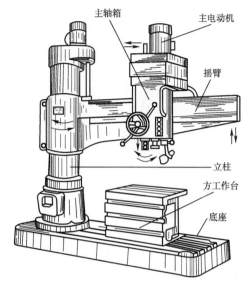

图 6-4　摇臂钻床

使用摇臂钻床,若主轴箱或摇臂移位时,必须先松开锁紧装置再移位,然后夹紧方可使用。操作者可用手拉动摇臂回转,但不宜总沿一个方向连续回转。摇臂钻工作结束后,必须将主轴箱移至摇臂的最内端(靠近立柱一端),以保证摇臂的精度。

4)手电钻

手电钻有手提式电钻和手轮式电钻两种。电钻内部结构一般主要由电动机和两级减速齿轮组成,如图 6-5 所示。从适用电源分有单相(220V、36V)和三相(380V)两种;从适用最大钻孔直径分:单相有 6mm、10mm、13mm 和 19mm 四种,三相有 13mm、19mm 和 23mm 三种。

手电钻质量小、体积小,携带方便,操作简单,使用灵活。一般用于工件搬动不方便或由于孔的位置不能放于其他钻床上加工的地方。

使用手电钻注意事项:

(1)使用前必须检查其规格,适用于何种电源,要认真检查电线是否完好;

(2)操作时应带橡胶手套,穿胶鞋或站在绝缘板上;

(3)电钻钻孔的进给完全由手推进行,使用钻头要锋利,钻孔时不得用力过猛,发现速度降低时,应立即减小压力;

(4)电钻突然停止转动时,要立即切断电源,检查原因;

(5)移运电钻时,必须用手持手柄,严禁用拉电源线来拖动电钻,防止将电线擦破、割伤或扎坏而引起漏电事故。

5)钻孔夹具

钻孔夹具分为钻头夹具和工件夹具两种。

(1)钻头夹具。钻头夹具有钻夹头、钻套,如图 6-5 所示。

钻夹头是用来夹持钻头柄部为圆柱体钻头的夹具,如图 6-5a)所示。夹头体的上端有一锥孔用以与夹头柄紧配,如图 6-5b)所示。钻套是用来装夹圆锥柄钻头的夹具。根据钻头或钻夹头尾锥尺寸大小的不同,以及各类型钻床主轴锥孔的不同,常用锥体钻套作过渡连接。楔铁是用来从钻套中卸下钻头的工具,拆卸方法如图6-5c)所示。

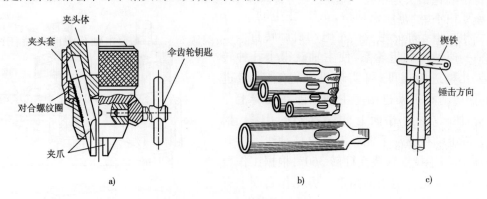

图6-5 钻床附件
a)钻夹头;b)钻套;c)钻头从钻套中卸下

(2)工件夹具。钻孔时,工件的装夹方法应根据钻削孔径的大小及工件形状来决定,选用恰当的方式。一般钻削直径小于8mm的孔时,可用手握牢工件进行钻孔;若工件较小,可用手虎钳夹持工件钻孔,如图6-6a)所示;在长工件上钻孔时,可以在工作台上固定一物体,将长工件紧靠在该物体上进行钻孔,如图6-6b)所示;在较平整、略大的工件上钻孔时,可将工件夹持在机用虎钳上进行,如图6-6c)所示;若钻削力较大,可先将机用虎钳用螺栓固定在机床工作台上,然后再钻孔;在圆柱表面上钻孔时,应将工件安放在V形块中固定,如图6-6d)所示。另外,还可根据工件的形状选用压板、三爪自定心卡盘或专用工具等装夹进行钻孔,如图6-6e)、f)、g)所示。

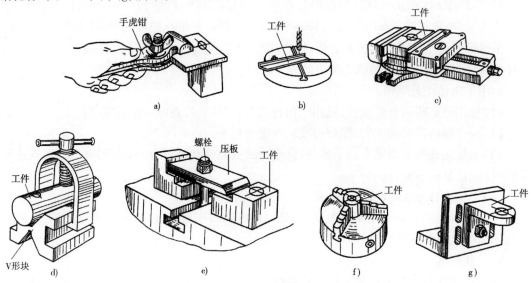

图6-6 工件装夹方法
a)手虎钳夹持;b)长工件固定;c)机用平口虎钳夹持;d)V形块固定;e)螺栓压板固定;f)三爪自定心卡盘装夹;g)专用工具装夹

2. 标准麻花钻头

标准麻花钻头是钻孔常用的工具,简称麻花钻或钻头,一般用高速钢制成。

钻头由柄部、颈部和工作部分组成,如图 6-7 所示。

(1) 柄部。柄部是钻头的夹持部位,工作时,柄部固定在钻床的主轴孔中或夹持在钻夹头中,用来传递转矩和轴向力。柄的形式有直柄和锥柄两种,直径小于 6mm 的钻头均为直柄;直径在 6～13mm 的钻头有直柄和莫氏锥柄两种;直径大于 13mm 的钻头,柄部全部为莫氏锥柄。锥柄的末端有一扁尾,用来加强转矩的传递作用,防止钻头在锥孔中打滑,同时也是拆卸钻头的敲击处。

(2) 颈部。颈部是磨削加工钻头的退刀槽,也是钻头规格、材料和商标的打印处。

(3) 工作部分。工作部分由导向部分和切削部分组成。导向部分轴向略有倒锥,钻孔时可减小孔壁与导向部分的摩擦,并能正确引导钻头进行工作。刃磨钻头时,导向部分逐渐变短,其直径尺寸略有减小。导向部分有两条螺旋形容屑槽,用来排屑并引入切削液。

钻头的切削部分如图 6-8 所示,两个螺旋槽表面为前刀面(前面,刀具上切屑流过的表面),顶端的两个圆锥螺旋面为后刀面(后面,与工件上切削中产生的表面相对的表面),前刀面和后刀面相交的棱线为主切削刃,两个后刀面的交线为横刃,一般横刃长为 $0.18D$(D 为钻头直径);棱带称为副后刀面,它与前刀面的交线称为副切削刃。

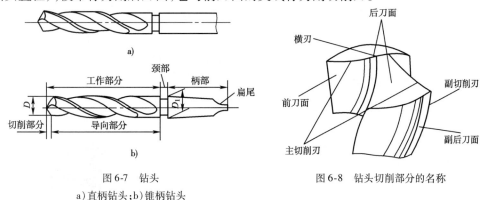

图 6-7 钻头
a) 直柄钻头;b) 锥柄钻头

图 6-8 钻头切削部分的名称

3. 薄板、深孔和不通孔的钻孔方法

1) 钻孔前的准备工作

(1) 钻头刃磨。钻孔前如发现钻头切削部分磨损或切削条件变化,或为了满足特殊需要,而改变钻头切削部分的形状时,必须进行刃磨。

(2) 检查钻床是否正常夹持工件。

(3) 选择切削液。在钻削过程中,为降低切削温度,提高钻头的使用寿命和工件的加工质量,必须注入足够的切削液。

(4) 选择切削用量。切削用量包括切削深度、切削速度和进给量。钻孔时切削深度由钻头直径所确定,所以只需选择切削速度和进给量。通常情况下,用小钻头钻孔时,切削速度可高些,进给量要小些;用大钻头钻孔时,切削速度要低些,进给量要适当大些。

(5) 按划线钻孔时,应将孔中心样冲眼,并先试钻小凹坑,检验钻孔位置是否正确,然后再继续钻孔。对钻削直径较大的孔,应划出几个大小不等的检查圈,以便检查和校正孔的

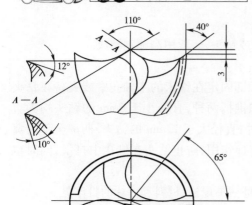

图 6-9 薄板钻头刃磨的形状

2) 薄板的钻孔方法

在薄钢板上钻孔时,由于工件刚性差,容易变形和振动,用标准麻花钻钻孔,工件受到轴向力时向下弯曲。当钻透时,工件回弹,使得切削刃突然切入过多而产生扎刀或将钻头折断,因此,需把钻头磨成如图 6-9 所示的薄板钻。这种钻头的特点是采用多刃切削,横刃短以减小轴向抗力,有利于薄板钻孔。

3) 深孔的钻孔方法

(1) 钻深孔时,每当钻头钻进深度达孔径的 3 倍时,将钻头从孔内退出,及时排屑和冷却,防止切屑积留阻塞,使钻头过度磨损或扭断,以影响孔壁粗糙度。

(2) 钻直径较大的深孔时,一般是先钻出底孔,然后经一次或几次扩孔。扩孔余量逐次减少。

(3) 钻通孔而没有加长钻头时,可采用两边钻孔的方法。

4) 不通孔的钻孔方法

钻不通孔时,利用钻床上的深度刻度盘来控制所钻孔的深度。

4. 钻孔时经常可能产生的问题、原因及防止方法(表 6-1)

钻孔时可能产生的问题、原因及防止方法　　　　表 6-1

产生问题	产生原因	防止方法
孔呈多角形	(1) 钻头后角过大; (2) 两主切削刃不等长,顶角不对称	正确刃磨钻头
孔径大于规定尺寸	(1) 两切削刃长度不等,高低不一致; (2) 钻床主轴径向摆动,工作台未锁紧,有松动,或钻夹头定心不准确; (3) 钻头弯曲,使钻头有过大的径向跳动误差	(1) 正确刃磨钻头; (2) 修整主轴,锁紧工作台; (3) 更换钻头
孔壁粗糙	(1) 钻头不锋利; (2) 钻头太短,排屑槽堵塞; (3) 进给量太大; (4) 冷却不足,冷却润滑液选用不当	(1) 钻头修磨锋利; (2) 多提起钻头排除切屑或更换钻头; (3) 减小进给量; (4) 正确选用并及时输入冷却液
钻孔位置偏移或孔偏斜	(1) 工件划线不正确; (2) 由于装夹不正确,工件表面与钻头不垂直; (3) 钻头横刃太长,定心不准,起钻后未借正; (4) 钻床主轴与工作台不垂直; (5) 进给量过大,使钻头产生弯曲; (6) 工件装夹不稳; (7) 铸件有砂孔、气孔、缩孔	(1) 正确划线; (2) 正确夹持工件并找正; (3) 磨短横刃; (4) 校正主轴与工作台的垂直度; (5) 减小进给量; (6) 夹牢工件; (7) 缓慢进刀

续上表

产生问题	产生原因	防止方法
工件部分折断	(1)钻头用钝仍继续钻孔； (2)刀具进给量过大； (3)钻孔时未经常退钻排屑、切屑堵住螺旋槽； (4)孔将钻通时没有减小进给量； (5)工件未夹紧,钻孔时产生松动； (6)铸件内碰到缩孔、砂孔、气孔； (7)钻软金属时,钻头后角太大造成扎刀	(1)钻头修磨锋利； (2)合理提高转速,减小走刀量； (3)钻深孔时经常退钻排屑； (4)孔快钻透时,要适当减小走刀压力； (5)工件夹持要牢固； (6)要减小进给量； (7)正确刃磨钻头
切削刃急剧磨损	(1)切削速度太高； (2)未根据工件材料硬度来刃磨钻头角度； (3)冷却润滑液不足； (4)工件表面或内部太硬或有砂眼、气孔等； (5)进给量过大； (6)钻薄板时钻头未修磨	(1)合理选择切削速度； (2)按材质修磨钻头的切削角； (3)充分冷却润滑； (4)修磨钻头切削角,或更换材料； (5)减小进给量； (6)采用薄板钻

5. 钻孔注意事项

(1)钻孔前清除工作场地的一切障碍物体,检查钻床是否良好。

(2)钻孔时不准戴手套,工作服衣袖口纽扣扣好,长发操作者戴好工作帽。

(3)工件要夹紧、牢固。

(4)清除切屑要用刷子,不可用手去拉。高速切屑时产生的切屑绕在钻头上时,要用铁钩子去钩拉。

(5)钻床变速或搬动工件时应先停车。钻通孔时,工件下面要垫木块或垫铁,防止钻坏工作台面。

(6)用钻夹头装夹钻头时要用钻头钥匙,不要用扁铁和锤子敲击,以免损坏夹头。工件装夹时,必须做好装夹面的清洁工作。

6. 钻孔操作实习

1) 钻头刃磨实习

钻头刃磨,主要是对两个主后刀面的磨削加工,刃磨后要得出所需要的正确的几何角度,特别是磨后两主切削刃要等长,顶角 2φ 为 $118°±2°$ 被钻头中心线平分,两个主后面要磨得光滑,横刃不宜太长,刃磨方法如图6-10所示。

(1)右手握住钻头的头部,左手握住柄部。

(2)钻头与砂轮的相对位置。要使钻头轴线与砂轮外圆柱母线在水平面内的夹角等于钻头顶角 2φ 的一半,被刃磨部分的主切削刃处于水平位置,如图6-10a)所示。

(3)刃磨操作时,将主切削刃在略高于砂轮平面处先接触砂轮,如图6-10b)所示,右手将钻头绕自己的轴线由下向上转动,左手配合右手同步下压运动,两手适当施加刃磨压力,两手动作配合要协调、自然。如此不断反复,一条主切削刃磨好后,再调转磨另一条主切削刃,直到达到刃磨要求为止。

(4)为了防止刃磨时钻头过热退火而降低硬度,在操作过程中要经常蘸水冷却。

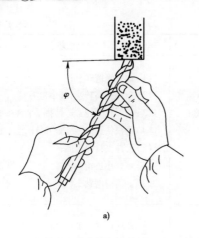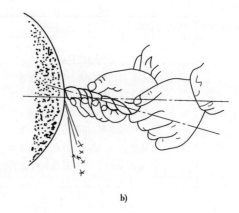

图 6-10 钻头刃磨

(5) 刃磨钻头时,一般采用粒度为 46~80、硬度为中软 8(K、L)的氧化铝砂轮为宜,砂轮旋转平稳,对跳动量大的砂轮必须进行修整。

(6) 标准麻花钻刃磨后的基本检验方法如图 6-11 所示。

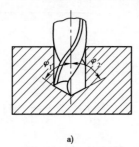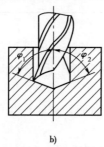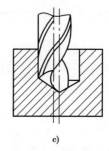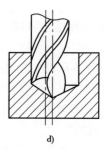

图 6-11 刃磨不正确的钻头对加工质量的影响

a)不正确,φ_1 与 φ_2 不相等;b)正确,φ_1 与 φ_2 相等;c)、d)主切削刃长度不一致

在钻孔时,由于钻头刃磨的几何角度和形状不符合要求,将使钻出的孔扩大或歪斜,孔呈多边形,影响工件加工质量,因此,必须掌握刃磨钻头的操作技能,才能把钻头磨好,才能提高钻孔质量。

(7) 刃磨操作记录及成绩评定见表 6-2。

刃磨钻头操作记录及评分　　　　　　表 6-2

序号	项目要求	配分	记录	评分标准	得分
1	锥角 2φ 为 118°±2°	30		超出公差带 ≤ ±1°时扣 15 分,超出公差带 > ±1°时扣 30 分	
2	两切削刃等长	20		不等长扣 20 分	
3	主后面光滑	10		不光滑扣 10 分	
4	横刃不宜太长	20		太长扣 10 分	
5	刃磨操作正确	20		不正确一次扣 5 分	
6	工时定额 0.5h			每超 10min 扣 5 分	
日期		班级		姓名	指导教师

2）钻孔操作实习

按图 6-12 所示技术要求进行钻孔实习。

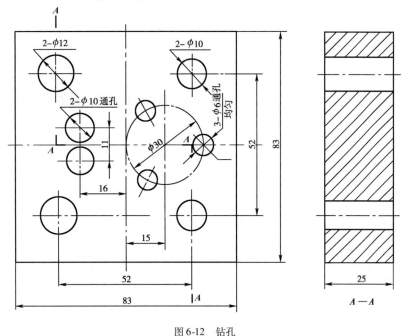

图 6-12　钻孔

（1）实习要求

①能按图样要求划线；

②掌握平口钳的使用方法；

③掌握台钻的正确使用方法；

④掌握通孔的钻削技术。

（2）工具、量具和设备

样冲、手锤、划规、钢板尺、划针、麻花钻（$\phi 6mm$，$\phi 10mm$，$\phi 12mm$）、砂轮机、台钻及平口钳。

（3）操作步骤

①在工件表面涂色，并按图样划线。

②在孔中心打样冲眼，并稍扩大些。

③按所钻孔直径大小选择麻花钻，并检查钻头的几何形状和角度是否符合要求，否则要磨好钻头。

④检查台钻是否运转正常。根据工件材料性质和所钻孔径大小，确定钻削速度、走刀量，并选择好钻削冷却液。

⑤在台钻上安装钻头。

⑥根据工件形状选择平口钳夹具，并在平口钳上夹好工件，不要松动；需钻通孔时，应在工件下方衬垫板块。

⑦先试钻，待确认对准中心孔时再钻；孔快要钻透时切削用量要小些。

⑧若钻 $\phi 6mm$ 孔时，每当钻头钻进深度是孔径的 3 倍时，必须将钻头退出孔内，及时排

出切屑。

⑨同直径的孔在一次装夹钻头后钻出。

⑩检查钻削情况和质量,去毛刺。

(4)钻孔操作安全注意事项

①装夹钻头时用钻夹头钥匙,不要用扁铁和锤子敲击。

②钻削时严禁戴手套,长发操作者要戴工作帽。

③钻孔时,手的压力根据钻头的工作情况,以目调和感觉进行控制。落钻时钻头无弯曲。

④装卸钻头、工件和变换速度时,必须在停车状态下进行。

⑤钻头用钝后必须及时修磨锋利。

⑥钻孔前后必须清洁工作场地和钻床工作台面。

(5)操作实习记录及成绩评定(表6-3)

操作实习记录及成绩评定　　　　　　表6-3

序号	项目要求	配分	实测记录	评分标准	得分
1	按图样划线和打样冲孔	20		一处不符合要求扣5分	
2	正确选用和刃磨麻花钻	15		一处不符合要求扣5分	
3	正确选用夹具和安装工件	15		一处不符合要求扣5分	
4	正确使用台钻	20		按正确程度给分	
5	钻孔操作技术及钻孔质量	30		按正确程度给分	
6	钻头损失	10		每折断一根钻头扣10分	
7	安全文明生产			违章扣分	
8	工时定额3h			每超10min扣5分	
日期		班级	姓名	指导教师	

3)薄板钻孔操作实习

(1)实习要求

掌握薄板钻孔的操作方法。

(2)工具、量具与夹具

划针、划规、手锤、样冲、钢板尺、手虎钳、薄板钻头(标准麻花钻磨成)、砂轮机及台钻。

(3)操作步骤

①薄板表面涂色,划孔中心线;

②在孔中心打样冲眼;

③事先磨好钻头,将其装夹在钻床上;

④用手虎钳夹紧薄板,置于钻床工作台上,并在薄板下方垫木块;

⑤对准样冲眼进行钻削;

⑥检查,去毛刺。

(4)薄板钻孔操作安全注意事项

①钻孔时严禁用手直接握持工件,以防工件转动伤手;

②钻削过程中,一经发现工件转动,应立即停车,以免钻头折断或工件伤手;

③孔将要钻透时,进给量要小;
④去毛刺要用专用工具,不能直接用手去抹,以免伤手。
(5)操作实习记录及成绩评定
成绩评定内容、要求及评分标准由实习指导教师自定,按表6-3填写。

二、锪孔

用锪钻对工件孔口形面加工的操作称为锪孔。

锪孔的主要形式有:锪柱形沉头孔,如图6-13a)所示;锪锥形沉头孔,如图6-13b)所示;锪平孔口端平面,如图6-13c)所示。

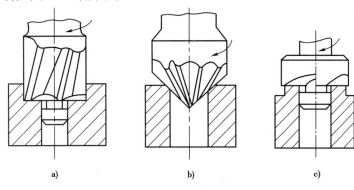

图6-13 锪孔形式
a)柱形沉头孔;b)锥形沉头孔;c)平孔口端面

锪孔的主要作用是在工件的连接孔端锪出柱形或锥形沉头孔,把沉头螺钉埋入孔内将有关零件连接起来,使外观整齐,装配位置紧凑;将孔口端锪平,并与孔中心线垂直,能使连接螺栓(或螺母)的端面与连接件保持良好接触。

1. 锪钻及其使用范围

1)柱形锪钻

柱形锪钻主要用来锪圆柱形沉头孔,结构如图6-13a)所示。

2)锥形锪钻

锥形锪钻用来锪锥形沉头孔,其结构如图6-14所示。

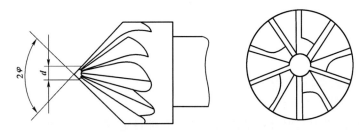

图6-14 锥形锪钻

锥形锪钻的锥角2φ有60°、75°、90°和120°四种,其中90°锥形锪钻用得最多。锥形锪钻直径在12~60mm之间,齿数为4~12个。

3)端面锪钻

端面锪钻专门用来锪平孔口端面,其端面刀齿为切削刃,前端导柱用来导向定心,以保证孔端面与孔中心线的垂直度,如图 6-13c)所示。

2. 锪孔方法及注意事项

(1) 锪孔的操作方法与钻孔基本相似,但锪孔速度要慢些,是钻孔时转速的 1/3～1/2。
(2) 锪孔时的轴向抗力减小,采用手动进刀,进给力不宜过大。
(3) 锪钻的切削刃要高度相同,角度对称,以利均匀切削。
(4) 锪孔时需要冷却润滑液,以保证锪孔质量,其选择与钻孔相同。
(5) 为保证锪孔深度,在锪孔前先调整好钻床主轴的进给深度。

3. 锪孔操作实习

按图 6-15 所示要求进行锪孔操作实习。

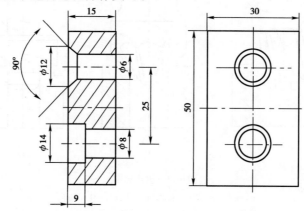

图 6-15 锪孔

1) 实习要求
(1) 掌握锪钻以及零件加工的基本方法;
(2) 正确刃磨锪钻,合理选择切削液;
(3) 安全文明生产。

2) 工具及量具
锪钻、角度尺、深度尺、游标卡尺、M6 开槽沉头螺钉、M8 内六角圆柱头螺钉(试配检查用)。

3) 操作步骤
(1) 钻孔;
(2) 锪孔;
(3) M6、M8 沉头螺钉试配检查。

4) 操作实习记录及评分标准
成绩评定内容、要求及评分标准由实习指导教师自定,按表 6-3 填写。

三、铰孔

用铰刀从工件孔壁上切除微量金属,以提高其尺寸精度,降低表面粗糙度,此方法称为铰孔。铰孔的尺寸精度一般可达 IT90～IT7 级,表面粗糙度 R_a 值在 3.2～0.8μm 之间。

1. 铰刀及其使用范围

1）整体式圆柱铰刀

整体式圆柱铰刀分手用铰刀和机用铰刀两种,结构如图 6-16 所示。

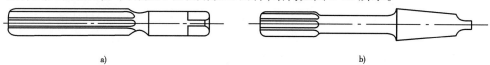

图 6-16　整体式圆柱铰刀
a) 手用铰刀；b) 机用铰刀

铰刀由工作部分、颈部和柄部三部分组成,工作部分包括切削部分和校准部分。主要结构参数有直径(D),切削锥角(2φ),切削部分和校准部分的前角(γ_0)、后角(α_0),校准部分的刃带宽度(f),齿数(z)等。

2）可调节手用铰刀

汽车维修工作中需要铰削与轴相配合的孔,可使用可调节的手用铰刀,如图 6-17 所示。它由工作部分(包括引导部分、切削部分和校准部分)和刀柄组成。使用时按所铰孔径大小调整铰刀直径。在刀体上开有 6 条斜底槽,有 6 条刀片分别嵌在槽内,调节调整螺母,使刀片沿斜槽移动,即能改变铰刀直径。

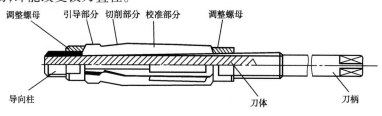

图 6-17　可调节手用铰刀

3）锥铰刀

锥铰刀用于铰削圆锥孔,常用的有以下几种：

(1) 1:50 的锥铰刀。用来铰削圆锥定位销孔,如图 6-18 所示,是钳工经常用到的锥孔加工铰刀。

图 6-18　1:50 的锥铰刀

(2) 1:10 的锥铰刀。用来铰削联轴器上的锥孔。

(3) 莫氏锥铰刀。用来铰削莫氏锥孔。

(4) 1:30 的锥铰刀。用来铰削套式刀具上的锥孔。

4）螺旋槽手用铰刀

螺旋槽手用铰刀主要用来铰削有缺口或带键槽的孔,如图 6-19 所示。

2. 铰孔操作方法及注意事项

1）铰孔前的准备工作

(1) 研磨铰刀。新的标准圆柱铰刀其直径留有研磨余量,铰孔之前先将铰刀直径研磨到需要的尺寸精度。

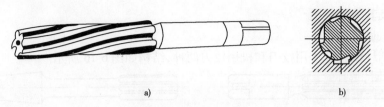

图 6-19　螺旋槽手用铰刀

（2）选择铰削余量。铰削余量是指上道工序（钻孔或扩孔）完成后留下的直径方向的加工余量。所选择的铰削余量是否合理,对铰刀的使用寿命,工作效率的高低,铰孔后的精度和表面粗糙度都有很大影响。铰削余量过大,会使刀齿切削负荷增大,变形增大,切削热增加,被加工工件呈撕裂状态,致使尺寸精度降低,表面粗糙度值增大,容易使位置公差超出要求,同时加剧铰刀磨损。铰削余量也不宜太小,否则,上道工序的残留变形难以纠正,原有刀痕不能去除,铰削质量达不到要求。选择铰削余量时应考虑到孔径大小、材料软硬、表面粗糙度要求及铰刀类型等因素的综合影响。用普通标准的高速钢铰刀铰孔时,可参考表6-4选取铰削余量。一般情况下对IT9、IT8级孔可一次铰出;对IT7级的孔,应分粗铰和精铰;对孔径大于20mm的孔,可先钻孔,再扩孔,然后进行铰孔。

铰削余量（mm）　　　　　　　　　　　　　　　　表6-4

铰孔直径	$d \leq 6$	$6 < d \leq 18$	$18 < d \leq 30$	$30 < d \leq 50$	$51 < d \leq 70$
铰削余量	0.1~0.2	一次铰 0.1~0.2 两次精铰 0.1~0.15	一次铰 0.2~0.3 两次精铰 0.1~0.15	一次铰 0.3~0.4 两次精铰 0.15~0.25	一次铰 0.4~0.5 两次精铰 0.2~0.3

2）铰孔操作方法

（1）铰孔前孔的加工：按要求划孔的位置加工线,考虑应有的铰孔余量,选定铰孔前的钻头规格,刃磨钻头,然后钻孔,并对孔口进行0.5×45°倒角。

（2）按要求确定铰孔的次数及选择铰刀。

（3）铰孔前,把工件夹持正确,铰刀在铰杆上装夹好,把铰刀插入孔内,用角尺校验调正,使铰刀与孔端面相互垂直。两手握持铰杆柄部,稍加平衡压力,旋转铰杠速度要均匀,铰刀不得摆动,顺时针进行铰削。

（4）铰孔时选用适当的切削冷却液。

（5）注意变换铰刀每次停歇的位置,以消除铰刀常在同一处停歇而造成的振痕。

（6）铰削钢料时,切屑碎末容易粘在刀齿上,要经常清除,并用油石修光刀刃。

（7）铰削过程中如果铰刀被卡住,不能猛力扳铰杠,以防损坏铰刀。此时应取出铰刀,清除切屑,检查铰刀。

（8）铰孔完毕,按顺时针方向旋转退出铰刀,清除铰刀上的切屑,并涂油装入盒内。

3）注意事项

（1）铰孔或退出铰刀时,铰刀不能反转,以防刃口磨钝或将孔壁划伤。

（2）手工铰孔时,两手用力均匀,旋转平稳,不得有侧向力。

(3)保护铰刀刃,避免碰撞。

(4)机铰时,应在工件上一次装夹进行钻、铰工作,以保证铰刀中心线与钻孔中心线一致。铰毕后,等铰刀退出工件孔后再停车。铰通孔时,铰刀的校准部分不能全部出头。

(5)铰孔时,选择合适的切削液,以提高铰孔质量。

3. 铰孔时产生的质量问题及原因(表6-5)

铰孔时产生的质量问题及原因　　　　　　　表6-5

出现的问题	产生的原因	出现的问题	产生的原因
孔的粗糙度低	(1)铰刀工作部分刃磨质量差; (2)铰刀刀齿的偏摆过大; (3)切削余量过大或过小; (4)铰刀退出时反转; (5)未用冷却润滑液; (6)铰削速度太高; (7)铰孔内切屑粘积过多,刀刃上也粘积切屑; (8)铰刀有缺口或刀刃崩裂	孔径缩小	(1)铰刀磨损,尺寸变小; (2)铰刀磨钝,铰出的孔弹性恢复,孔径变小; (3)铰削铸铁时,加了煤油
孔径扩大	(1)铰刀直径过大; (2)铰刀锥角过大,切入后铰刀产生摆动; (3)铰刀切削刃径向偏摆过大; (4)机铰时,机床主轴偏摆量大; (5)手铰时,两手用力不均匀使铰刀摆动		

4. 铰孔操作实习

1)利用报废的汽缸体上的气门座进行铰削气门座圈实习

(1)实习要求。

①掌握气门座铰刀的正确使用操作方法;

②掌握发动机气门座圈的铰削操作技能。

(2)工具和材料。

气门座铰刀、粗砂布和细砂布。

(3)操作方法和步骤。

①根据该发动机气门座规定的角度和导管内径选择合适的铰刀和导杆,并插入气门导管内,使导杆与导管内孔表面相贴合。

②用粗砂布垫在铰刀下,磨掉气门座上的硬化层,然后再进行铰削。

③初铰时,先把铰刀套在导杆上,使铰刀的键槽对准铰刀把下端面的凸缘,即可进行铰削。

④铰削时,铰刀应正直,两手用力均匀、平稳,直到将烧蚀、斑点等缺陷铰掉为止。

⑤用光磨过的相配气门进行试配,要求接触面应在气门工作斜面的中下部;其接触面宽度,进气门为1.0~2.2mm,排气门为1.5~2.5mm。接触面窄,影响密封和散热;过宽,容易积炭,不能紧密配合。当接触面偏上时,用15°铰刀铰削上部;当接触面偏下时,用75°铰刀铰削,使接触面上移,如图6-20所示。

⑥细铰。最后选用与工作面角度相同的细刃铰刀进行细铰或在铰刀下面垫以细砂布进

行光磨，以保证表面粗糙度。

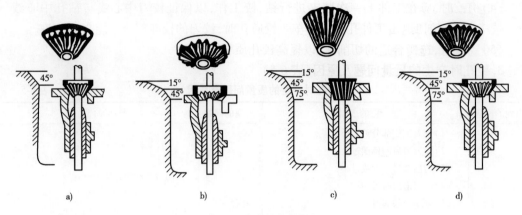

图 6-20　气门座铰削顺序

（4）注意事项。

①按气门座和导管内径选择铰刀和导杆。

②初铰时，应尽量使气门接触面在中下部位，应边铰边试配。

③铰削前，必须先把气门座上的积炭磨掉，以防止铰削时铰刀打滑。

④铰削时严禁倒转铰刀。

（5）操作实习记录及成绩评定由实习指导教师自定。

2）利用发动机连杆旧衬套进行铰孔操作实习

（1）实习要求。

①掌握手工可调式圆柱铰刀铰削量的调整方法；

②掌握铰孔的操作技能。

（2）工具和量具。

铰刀、游标卡尺、直角尺、虎钳、木锤。

（3）操作步骤。

①选择铰刀。根据活塞销实际尺寸选择合适的铰刀，将铰刀夹入虎钳并与钳口平面垂直。

②调整铰刀。把连杆小端套入铰刀内，一手托住连杆的大头，一手压下连杆的小端，第一刀铰削量应以使刀刃能露出衬套上平面 3~5mm 为宜；铰削量太大或太小都会使连杆在铰削中摆动，铰出棱形或喇叭口形。

③铰削时，一手端平连杆大头，按顺时针方向均匀用力扳转，一手持小端，同时向下略施压力进行铰削，如图 6-21 所示。当衬套下平面与刀刃下方相平时，应停止铰削，此时将连杆小端下压，使衬套脱出铰刀，以免铰出棱坎。在铰刀直径不变的情况下，将连杆翻转一面再铰一次。铰刀的调整量一般以旋转螺母 60°~90° 为宜。

④要经常试配活塞销，以防铰大。当铰削达到用手掌的推力将销子推入衬套 1/3~2/5 时，应停止铰削。

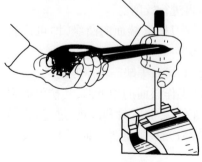

图 6-21　连杆衬套的铰削

此时,可将销子压入或用木锤打入衬套内,并夹持在垫有铜垫片(或软金属片)的台虎钳上反复扳转连杆,进行研磨。然后压出销子,查看衬套的接触情况,如图 6-22 所示。

连杆衬套铰削质量的好坏,以能用手掌的力量把涂有机油的销子推入连杆衬套,则松紧度为适宜,如图 6-23 所示。衬套与销子的接触面应以星点分布均匀、轻重一致,则接触面为适宜。

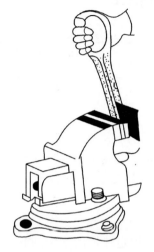

图 6-22　查看衬套的接触情况

图 6-23　活塞销与连杆衬套的配合

(4)注意事项。

①铰刀必须牢固装夹在台虎钳口上,不得有松动和偏斜现象。

②铰削时,两手用力均匀、平稳,并按顺时针方向铰削,严禁反转。

③在台虎钳上夹持销子时,需垫有铜片(或软金属片)。

(5)操作实习记录及成绩评定(表6-6)。

铰孔操作记录及评分　　　　　　　　　　　表 6-6

序号	项目要求	配分	记录	评分标准	得分
1	铰刀的调整方法和调整量正确	20		调反一次扣 10 分,每次调整量过大扣 10 分	
2	铰削姿势正确	15		姿势一次不正确扣 5 分	
3	铰削方法正确	15		铰削方法一次不正确扣 5 分	
4	铰孔表面光滑	20		有一处刀痕扣 10 分	
5	销与衬套配合正确	30		配合松旷扣 25 分	
6	安全文明生产	10		违章扣分	
日期		班级		姓名　　　　指导教师	

课题七
攻螺纹、套螺纹

  教学要求

1. 熟悉螺纹基本知识及攻、套螺纹用工具的结构和使用方法;
2. 能正确确定攻螺纹前的底孔大小,掌握通孔和不通孔攻螺纹的方法;
3. 能正确确定板牙套螺纹时圆杆的直径,掌握套螺纹的操作方法和注意事项;
4. 掌握内外螺纹的质量要求和检查方法。

在圆柱或圆锥表面上,沿着螺旋线所形成的具有规定牙形的连续凸起称为螺纹。在圆柱或圆锥外表面上所形成的螺纹称为外螺纹;在圆柱或圆锥内表面上所形成的螺纹称为内螺纹,如图7-1所示。

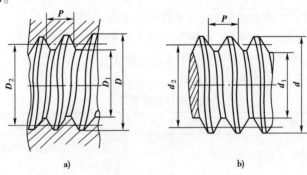

图7-1 螺纹
a) 内螺纹;b) 外螺纹

一、螺纹的基本知识

1. 螺纹的种类

螺纹的种类很多,有标准螺纹、特殊螺纹和非标准螺纹,其中以标准螺纹最常用,在标准螺纹中,除管螺纹采用英制外,其他螺纹一般采用米制。标准螺纹的分类见图7-2。

2. 螺纹主要参数的名称

1) 螺纹牙形

螺纹牙形是指在通过螺纹轴线的剖面上螺纹的轮廓形状,常见的有三角形、梯形、锯齿形等。在螺纹牙形上,两相邻牙侧间的夹角为牙形角,牙形角有55°(英制)、60°、30°等。

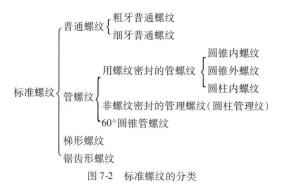

图 7-2　标准螺纹的分类

2）螺纹大径（d 或 D）

螺纹大径是指与外螺纹牙顶或内螺纹牙底相切的假想圆柱或圆锥的直径。国标规定：米制螺纹的大径是代表螺纹尺寸的直径，称为公称直径。

3）螺纹小径（d_1 或 D_1）

螺纹小径是指与外螺纹的牙底与内螺纹的牙顶相切的假想圆柱或圆锥的直径。

4）螺纹中径（d_2 或 D_2）

螺纹中径是一个假想圆柱或圆锥的直径，该圆柱或圆锥的母线通过牙形上沟槽和凸起宽度相等的地方。该假想圆柱或圆锥称为中径圆柱或中径圆锥，中径圆柱或中径圆锥的直径称为中径。

5）线数

螺纹线数是指一个圆柱表面上的螺旋线数目。它分单线螺纹、双线螺纹和多线螺纹。沿一条螺旋线所形成的螺纹为单线螺纹；沿两条或多条轴向等距离分布的螺旋线所形成的螺纹称为双线螺纹或多线螺纹。

6）螺距（P）

螺距是指相邻两牙在中径线上对应两点间的轴向距离。

此外，螺纹的导程、旋向和螺纹旋合长度等也为螺纹的主要参数。

7）螺纹的旋向

右旋螺纹不加标注；左旋螺纹加标注。

3. 标准螺纹的代号及应用（表 7-1）

标准螺纹的代号及应用　　　　　　　　　　表 7-1

螺纹类型	牙形代号	代号示例	代号说明	应用
粗牙普通螺纹	M	M10	粗牙普通螺纹，外径 10mm	大量用来紧固零件
细牙普通螺纹	M	M16×1	细牙普通螺纹，外径 16mm，螺距 1mm	
梯形螺纹	Tr	Tr36×12/2-IT7 左	梯形螺纹，外径 36mm，导程 12mm，2 线，IT7 级精度，左旋	能承受两个方向的轴向力，多作为传动件，如机床丝杆
锯齿形螺纹	B	B70×10	锯齿形螺纹，外径 70mm，螺距 10mm	能承受较大的单向轴力，多作为传递单向负载的传动丝杆

续上表

螺纹类型	牙形代号	代号示例	代号说明	应用
圆柱管螺纹	G	G3/4″	圆柱形管螺纹,管子内径3/4英寸	直径以英寸计算,用于水管、油管、气管等管道的连接
55°圆锥管螺纹	ZG	ZG5/8″	55°圆锥管螺纹,管子内径5/8英寸	
60°圆锥管螺纹	NPT	NPT1″	60°圆锥管螺纹,管子内径1英寸	

二、攻螺纹

用丝锥加工工件内螺纹的方法称为攻螺纹。

1. 丝锥

丝锥是加工内螺纹的刀具,分为手用丝锥和机用丝锥两种。按其牙形可分为普通螺纹丝锥、圆柱管螺纹丝锥和圆锥螺纹丝锥等。普通螺纹丝锥又分粗牙和细牙两种。

丝锥由工作部分和颈部组成,工作部分又分为切削部分和校准部分。在工作部分上,沿轴向有3~4条容屑槽(多为直槽,专用丝锥可做成右旋或左旋的容屑槽),使切削部分形成切削刃、前角、后角和锥角(图7-3),以便将切削力均匀地分布到各刀齿上,逐渐切到齿深。校准部分具有完整的齿形,其后角为零,它的作用是修光并校准已切出的螺纹,引导丝锥沿轴向运动,加工出合格的内螺纹。

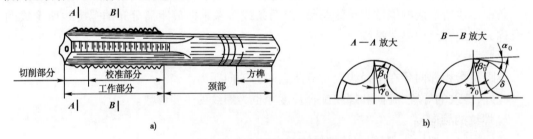

图7-3 丝锥的结构及切削角度
a)丝锥结构;b)丝锥的切削角度

丝锥因其切削量分布不同,可分为三支一组和两支一组的简单类型。

一般M6~M24的丝锥均为两支一组,小于M6的丝锥,因螺纹底孔较小,丝锥细,刚性差,强度低,攻螺纹时容易折断丝锥,因此,所用丝锥均为三支一组;大于M24的丝锥,攻螺纹时切削力较大,转矩大,此时所用的丝锥均为三支一组,这样每支丝锥的切削量较小,切削省力,丝锥也不易扭断。

各种规格的圆锥螺纹、圆锥管螺纹丝锥均为单支。

2. 铰杠

铰杠是用手工攻螺纹时用来夹持丝锥进行工作的工具。它分普通铰杠和丁字形铰杠两种,如图7-4所示。各种铰杠又分固定式和活络式两种。攻制M5以下的螺孔时,因丝锥受力不大,多使用固定式铰杠。活络式铰杠的方孔尺寸大小可以调整,使用范围较大,其规格以柄长表示,有150mm、230mm、…、600mm等六种,可用于M6~M24的丝锥。

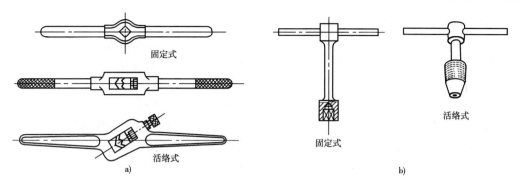

图 7-4 铰杠
a)普通铰杠;b)丁字形铰杠

3.螺纹底孔直径的确定

用丝锥加工螺纹时,丝锥切削部分上的每个齿在对材料进行切削的同时,又对材料进行挤压,因此,螺纹牙形的顶端要凸起一小部分,材料的塑性愈大,被挤出的材料愈多。此时,螺纹底孔直径必须大于螺纹的小径,否则牙顶端与丝锥齿根部没有足够的空间容纳挤出的材料,就会将丝锥扎住或挤断。

底孔的大小要根据工件材料的塑性和螺纹的大径及螺距的大小决定,即一方面保证有足够的空间来容纳挤出的金属,另一方面又要保证加工出的螺纹有完整、充实的牙形。根据上述要求,可用下式计算钻螺纹底孔用钻头的直径。

加工塑性材料时:
$$d_{钻} = D - P$$

式中:$d_{钻}$——底孔钻头的直径(mm);

D——螺纹大径(mm);

P——螺距(mm)。

加工脆性材料时:
$$d_{钻} = D - (1.05 \sim 1.1)P$$

钻普通螺纹底孔用钻头的直径也可查表 7-2 选用。

普通螺纹攻螺纹前钻底孔的钻头直径(mm) 表 7-2

螺纹直径	螺距	钻头直径		螺纹直径	螺距	钻头直径	
		铸铁,青、黄铜	钢、纯铜			铸铁,青、黄铜	钢、纯铜
6	1 0.75	4.9 5.2	5 5.2	16	2 1.5	13.8 14.4	14 14.5
8	1.25 1 0.75	6.6 6.9 7.1	6.7 7 7.2	18	2.5 2 1.5	15.3 15.8 16.4	15.5 16 16.5
10	1.5 1.25 1	8.4 8.6 8.9	8.5 8.7 9	20	2.5 2 1.5	17.3 17.8 18.4	17.5 18 18.5
12	1.75 1.5 1.25	10.1 10.4 10.6	10.2 10.5 10.7	22	2.5 2 1.5	19.3 19.8 20.4	19.5 20 20.5
14	2 1.5 1	11.8 12.4 12.9	12 12.5 13	24	3 2 1.5	20.7 21.8 22.4	21 22 22.5

4. 钻不通孔的螺纹时的钻孔深度

钻不通孔的螺纹底孔时,由于丝锥的顶端锥度部分不能切出完整的螺纹,所以,钻孔深度要大于所需螺孔的深度,一般应增加 0.7D(D 为螺纹的大径)的深度。

5. 攻螺纹的方法及注意事项

(1)攻螺纹前,应先在底孔孔口处倒角,其直径略大于螺纹大径。

(2)装夹工件时,应尽量使底孔中心线处于铅垂或水平位置,以便于判断丝锥的正确位置。

(3)开始攻螺纹时,要尽量将丝锥放正,然后对丝锥施加适当压力和扭力,转动铰杠,如图 7-5a)所示。

(4)当切入 1~2 圈时,要仔细观察和校正丝锥的轴线方向,同时,也可以用 90°角尺在丝锥的两个相互垂直的平面内测量、检查,如图 7-5b)所示,要边工作,边检查、校准。

(5)当旋入 3~4 圈时,丝锥的位置应正确无误,只需转动铰杠,丝锥将自然攻入工件,如图 7-4c)所示,决不能对丝锥施加压力,否则螺纹牙形将被破坏。

(6)在工作过程中,丝锥每转 1/2 圈至 1 圈时,丝锥就要倒转 1/2 圈,将切屑切断并挤出。尤其是攻不通孔的螺纹时,要及时退出丝锥排屑。

(7)当要更换后一支丝锥时,要用手旋入至不能再旋入时,再改用铰杠夹持继续工作,以免施加在丝锥上的压力不均匀或丝锥晃动损坏螺纹。

(8)在塑性材料上攻螺纹时,要加机油或切削液润滑,以改善螺纹孔表面的加工质量,减小切削阻力,延长丝锥的使用寿命。

(9)攻螺纹结束后,将丝锥退出时,最好卸下铰杠,用手旋出丝锥,以保证螺孔的质量。

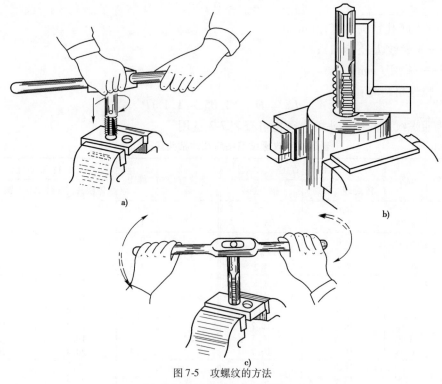

图 7-5 攻螺纹的方法
a)起始方法;b)检查方法;c)攻制方法

6. 攻螺纹时产生废品及丝锥折断的原因及防止方法（表7-3、表7-4）

攻螺纹时产生废品的原因及防止方法　　　　　　　表7-3

废品形式	产生原因	防止方法
螺纹乱扣、断裂撕破	(1)底孔直径太小,起攻困难,使孔口乱扣； (2)头锥、二锥不重合； (3)手攻时,扳手掌握不稳造成丝锥左右摇摆,形成孔口乱扣； (4)螺孔过于歪斜,攻丝时冷却润滑液使用不当； (5)丝锥切削部分磨钝； (6)丝锥攻到孔底,仍继续旋转丝锥； (7)攻螺纹时,丝锥没有经常倒转,使切屑卡住刃口	(1)选准钻底孔钻头的直径； (2)头锥、二锥位置放正,中心重合； (3)掌握起攻方法； (4)保持丝锥与底孔中心一致；润滑得当； (5)磨锋利丝锥后角； (6)注意攻丝深度,防止丝锥顶底； (7)扳手每转1/2~1圈时,反转1/4圈
螺孔歪斜	(1)丝锥与工件端面不垂直； (2)铸件内有大砂眼； (3)攻螺纹时两手用力不均,倾于一侧	(1)起攻时校正丝锥与端面垂直； (2)起攻前注意检查砂眼； (3)攻螺纹时两手用力均匀,不要摆动
螺纹牙深度不够	(1)螺纹底孔直径太大； (2)丝锥磨损	(1)正确选用钻头直径； (2)更换丝锥

攻螺纹时丝锥折断的原因及防止方法　　　　　　　表7-4

折断原因	防止方法
(1)螺纹底孔直径太小； (2)丝锥钝,材料太硬； (3)选用丝锥扳手过大,产生切力大,或力不均衡； (4)不及时断屑和清除切屑； (5)韧性大的材料攻螺纹时没有加注冷却液； (6)丝锥歪斜,单边受力大； (7)攻不通孔螺纹时丝锥尖与底孔相顶仍再攻； (8)工件材料中夹有杂质或有大砂眼	(1)根据工件材料正确计算底孔直径； (2)磨锋利丝锥或更换材料； (3)合理选用扳手,用力均匀； (4)经常反转断屑并及时清除切屑； (5)选用冷却润滑液； (6)保持丝锥垂直于工件表面； (7)注意观察深度,防止丝锥顶底； (8)攻螺纹前检查孔中砂眼、夹渣等情况,如有上述情况,应设法清除或小心慢攻

7. 攻螺纹操作实习

按图7-6所示进行攻螺纹实习。

1）工具和量具

钻头、丝锥、攻丝扳手、游标卡尺、钢板尺、划针、圆规、样冲、手锤、钻床及夹具。

2）操作步骤（表7-5）

3）注意事项

(1)操作用力均匀、平稳,攻丝时加机油润滑；

(2)攻丝完毕,清理场地。

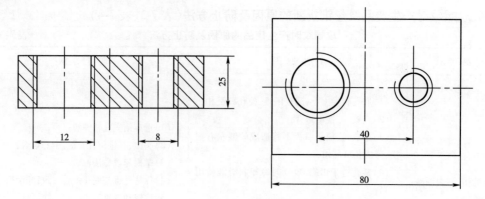

图 7-6 攻螺纹

攻丝工艺卡片　　　　　　　　　　　　　表 7-5

序号	工序	工序图	技术要求
1	划中心线,打样冲眼		按图要求划出材料对称线和两孔中心线,孔距 40mm
2	钻底孔		底孔:$D_1 = 8 - 1.5 = 6.5$mm $= D_2 = 12 - 1.75$ $= 10.25$mm $=($取 10.3mm$)$
3	孔口倒角		
4	攻螺纹		保证丝锥和平面垂直,先用头锥,后用二锥
5	修整去毛刺		

4)操作实习记录及成绩评定(表7-6)

攻螺纹实测记录及成绩评定　　　　　　　　　　　表 7-6

序号	项目要求	配分	实测记录	评分标准	得　分
1	划线正确，打样冲眼不歪斜	20		出现歪斜扣 20 分	
2	钻底孔不歪斜，钻头选择正确	30		底孔歪斜扣 15 分，钻头选择不正确扣 15 分	
3	攻螺纹正确，螺纹中心线垂直于端面	50		螺纹孔歪斜扣 30 分	
4	安全文明生产			违章扣分	
5	工时定额 1h			每超 10min 扣 2 分	
日期		班级		姓名	指导教师	

三、套螺纹

套螺纹是用板牙或螺纹切头加工螺纹的方法。

1. 板牙

板牙是加工外螺纹的工具，由切削部分、校准部分和排屑孔组成。排屑孔使板牙的工作部分形成切削刃和前角，如图 7-7 所示。切削部分在板牙两端，有切削锥，可以两面使用，板牙的中间是校准部分。

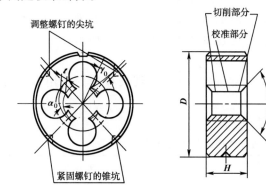
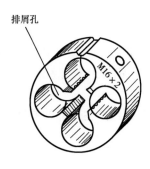

图 7-7　板牙结构及切削角度

M3.5 以上的板牙，外圆上有四个锥坑和一条 V 形槽，V 形槽对面的两个锥坑用手将板牙固定在板牙架中，用两螺钉顶住并传递转矩；V 形槽两侧的锥坑用于调节板牙尺寸。

圆柱管螺纹板牙与普通螺纹板牙相似，只是单面有切削锥；圆锥螺纹的板牙工作时，所有切削刃都参加切削，切削费力，其切削长度影响锥螺纹的尺寸，所以，套圆锥螺纹时，要经常检查、测量其长度，只要相配件旋入后满足使用要求即可，不能太长。

2. 板牙架

板牙架是装夹板牙的工具，图 7-8 所示是常用的圆板牙架。

3. 套螺纹前圆杆直径的确定

套螺纹与攻螺纹的切削过程相同，所以，套螺纹前的圆杆直径应稍小于螺纹大径的尺寸。一般圆杆直径用下式计算：

$$d_{杆} = D - 0.13P$$

式中：D——螺纹大径(mm)；

P——螺距(mm)。

4. 套螺纹的方法及注意事项

(1) 套螺纹前，圆杆端部应倒成 15°~20°的锥角，如图 7-9a) 所示，形成圆锥体，最小直径要小于螺纹小径，以便板牙切入，且螺纹端部不出现锋口。

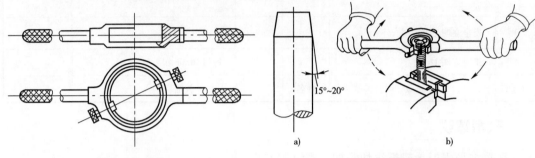

图 7-8 板牙架

图 7-9 套螺纹的方法
a) 套螺纹前圆杆倒角；b) 用力方法

(2) 圆杆应衬木板或其他软垫，在台虎钳中夹紧。套螺纹部分伸出应尽量短，其圆杆最好铅垂方向放置。

(3) 套螺纹开始时，要将板牙放正，其轴心线应与圆杆轴线重合。然后转动板牙架并施加轴向力，压力要均匀，转动要慢，同时，要在圆杆的前、后、左、右方向观察板牙是否歪斜。待板牙旋入工件切出螺纹时，只转动板牙架，不施加压力，如图 7-9b) 所示。

(4) 为了断屑，板牙转动一圈左右要倒转 1/2 圈进行排屑。

(5) 在钢件上套螺纹要加切削液润滑，保证螺纹质量，延长板牙的使用寿命，使切削省力。

5. 套螺纹产生废品的原因及防止方法（表 7-7）

套螺纹产生废品的原因及防止方法　　　　　表 7-7

废品形式	产生原因	防止方法
螺纹破裂，表面粗糙	(1) 低碳钢及塑性好的材料套螺纹时，没用冷却润滑液，螺纹被撕坏； (2) 套螺纹中没有反转割断切屑，造成切屑堵塞，啃坏螺纹	(1) 按材料性质选用冷却润滑液； (2) 按要求反转，并及时清除切屑
螺纹乱扣	(1) 套螺纹圆杆直径太大，起套困难，左右摆动，杆端烂牙； (2) 板牙与圆杆不垂直，由于斜太多又强行借正，造成乱扣； (3) 加套第二次时与第一次所套螺纹不重合	(1) 将圆杆加工成合乎尺寸要求的直径； (2) 要随时检查和校正板牙与圆杆的垂直度，发现偏斜及时修整； (3) 加套第二次时要与第一次所套螺纹重合

续上表

废品形式	产生原因	防止方法
螺纹偏斜,螺纹深度不均	(1)圆杆倒角不正确,板牙与圆杆不垂直; (2)两手旋转板牙架,用力不均衡摆动太大,使板牙与圆杆不垂直	(1)按要求正确倒角; (2)起套要正,两手用力要保持均衡,使板牙与圆杆保持垂直
螺纹太瘦	(1)扳手摆动太大,由于偏斜多次借正,使螺纹中径小了; (2)板牙起套后,仍加压力转动; (3)可调式圆板牙尺寸调得太小	(1)要握稳板牙架; (2)起削后只用平稳的旋转力,不要加压力; (3)准确调整板牙的标准尺寸
螺纹不尖	圆杆直径太小	正确确定圆杆直径尺寸

6. 套螺纹操作实习

按图 7-10 所示要求进行套螺纹实习。

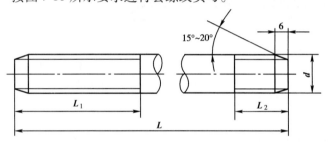

编号	d	L	L_1	L_2
1	M8	105	30	25
2	M12	135	25	25

图 7-10 螺杆

1)操作要求

掌握钢件套丝的操作技能,并达到技术要求。

2)工具与量具

板牙、板牙架、游标卡尺、90°角尺等。

3)操作步骤(表 7-8)

套螺纹工序图 表 7-8

序号	工序	工序图	技术要求
1	下料	6×15°	M12 螺距为1.75mm M8 螺距为1.25mm
2	两端锉削到规定直径	6 15°	$D_1 = 11.8$mm $D_2 = 7.8$mm

续上表

序号	工序	工序图	技术要求
3	端面倒角	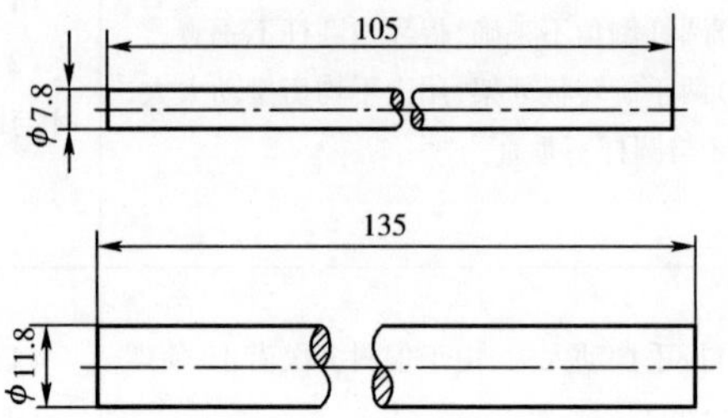 (φ7.8, 长105; φ11.8, 长135)	倒角均匀
4	套螺纹	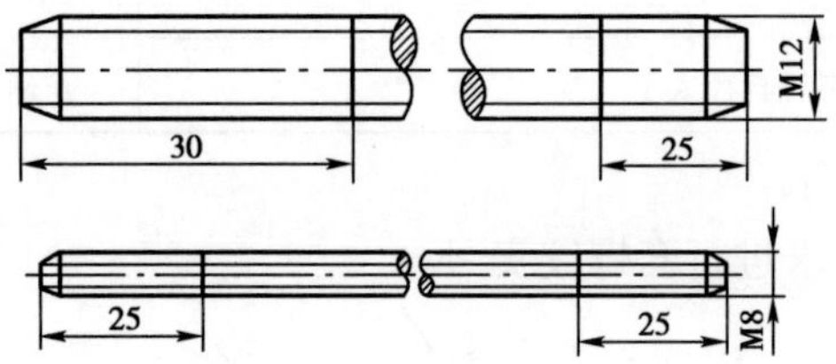 (M12, 长30, 25; M8, 25, 25)	应在没有螺纹的中部用硬木 V 形槽衬垫装卡
5	用标准螺母检配		螺纹螺母配合间隙合适
备注		粗套螺杆用机油作切削液	

4)注意事项

板牙与螺杆要垂直,用力均匀、平稳,防止螺纹偏斜、乱牙。

5)操作实习记录及成绩评定(表 7-9)

套双头螺纹实测记录及评分　　　　表 7-9

序号	项目	配分	记录	评分标准	得分
1	M12 螺纹正确	4×8		一处乱牙扣 15 分	
2	螺纹长度误差 ±1	4×6		一处超差 ≤ ±1.5mm 扣 3 分,一处超差 > ±1.5mm 扣 6 分	
3	螺纹端面倒角正确	4×6		一处不正确扣 6 分	
4	螺纹外观完整	10		按外观完整程度给分	
5	工具使用、操作正确	10		按正确程度给分	
6	工时定额 2h			每超 10min 扣 4 分	
日期		班级	姓名	指导教师	

课题八
复合作业(一)

  教学要求

1. 能合理地运用钳工加工方法进行实物加工;
2. 能正确使用各种工具、量具。

一、螺母的制作

按图 8-1 所示要求制作螺母。

1. 操作要求

(1) 掌握六角体的锉削技能;
(2) 掌握攻螺纹的操作技能。

2. 工具和量具

锉刀、游标卡尺、高度游标卡尺、钢直尺、角度样板、平板、钻头、丝锥、攻丝扳手、手锯、划针、样冲、手锤、划针盘等。

3. 操作步骤(表 8-1)

4. 注意事项

(1) 钻底孔时,保证所攻螺纹端面与孔的中心线垂直;

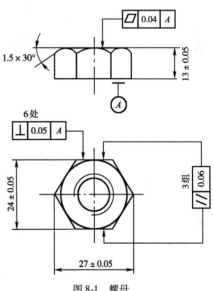

图 8-1 螺母

螺母手工加工工艺卡片 表 8-1

序号	工 序	工 序 图	技 术 要 求
1	下料	$\phi 30$ × 15	

续上表

序号	工 序	工 序 图	技 术 要 求
2	划线、冲眼	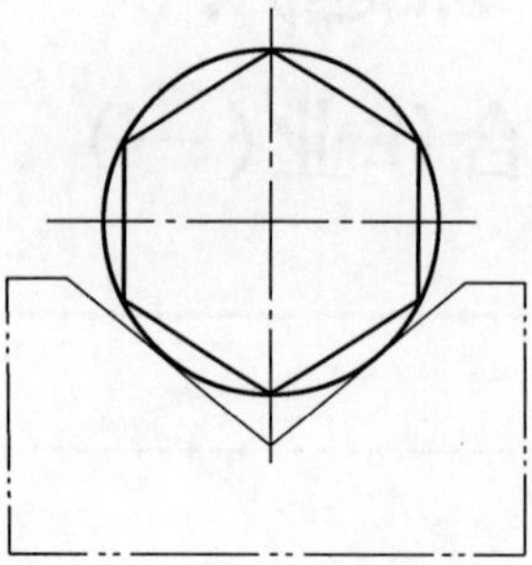	
3	锉削 a 面	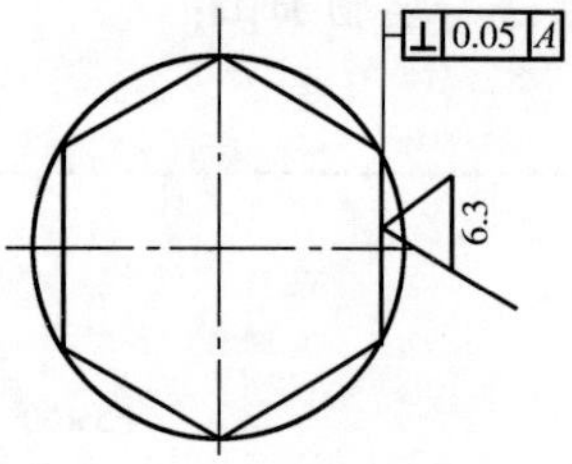	保证平面度、垂直度和粗糙度
4	锉削 b 面	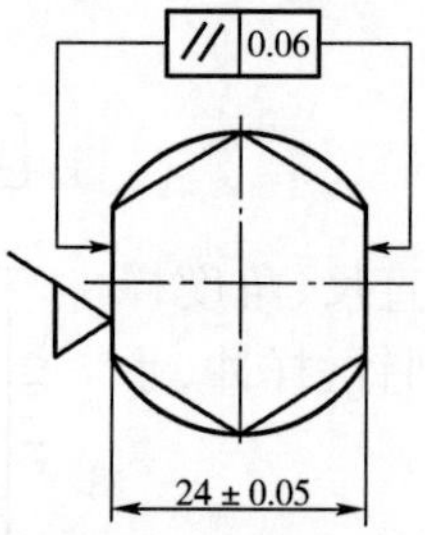	保证平面度、垂直度、粗糙度和尺寸公差
5	锉削 c 面	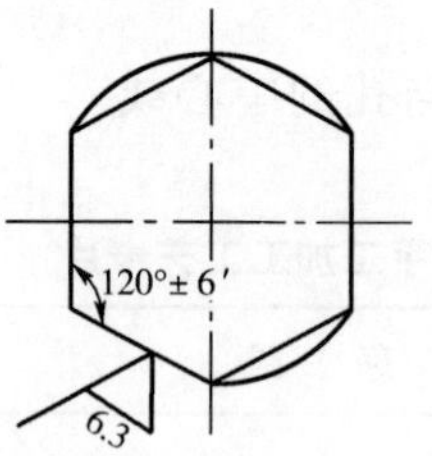	保证平面度、角度和粗糙度
6	锉削 d 面	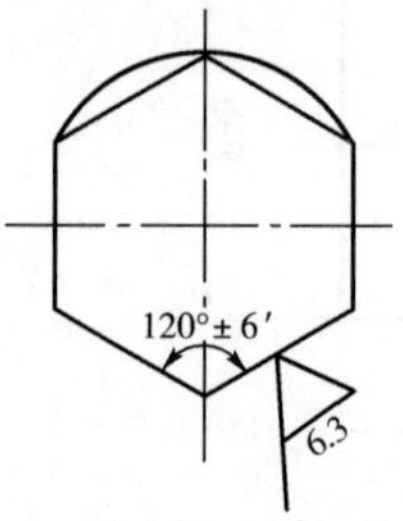	保证平面度、角度和粗糙度,保证 c 边长等于 d 边长

续上表

序号	工 序	工 序 图	技 术 要 求
7	锉削 c、d 两面的对应面	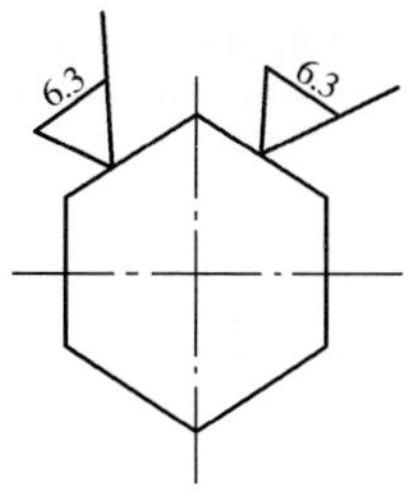	保证平面度、平行度和尺寸公差
8	锉削上下底面	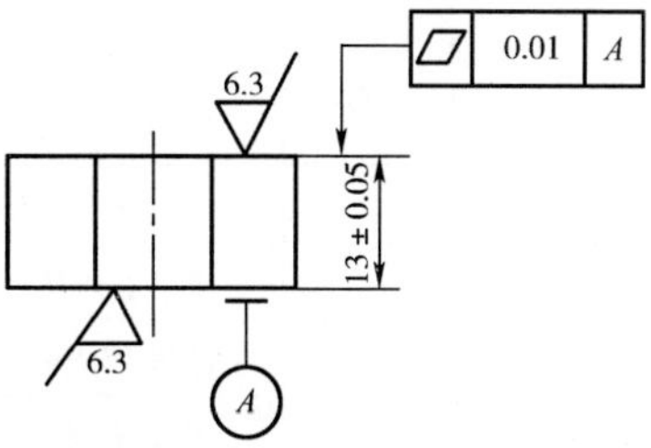	保证尺寸 13 ± 0.1
9	钻底孔	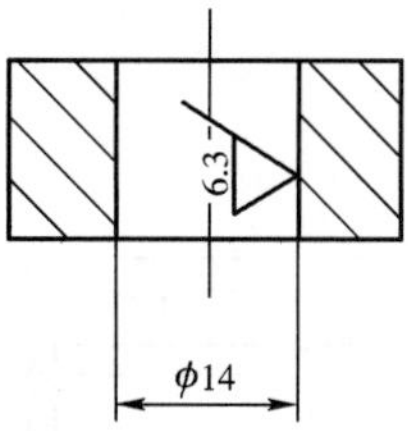	
10	外倒角 1.5×30°	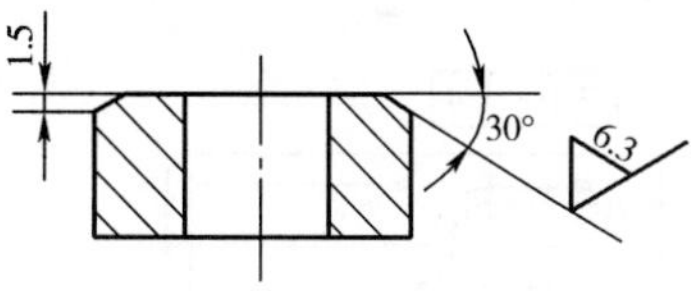	
11	用头锥攻螺纹	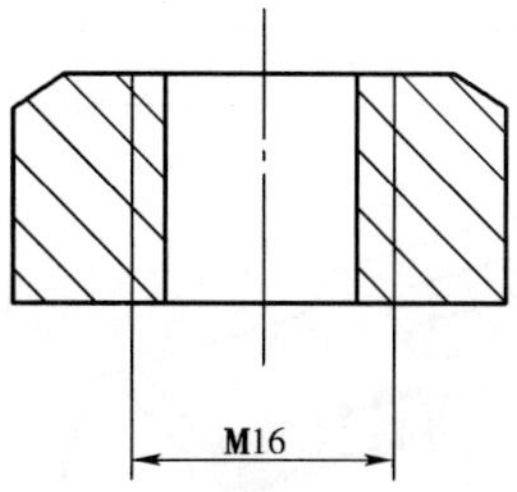	不准乱扣,保证丝锥和端面垂直
12	二锥线攻螺纹		
13	去毛刺,修整复检		

（2）攻丝时保证丝锥轴线与工件端面垂直；

（3）清洁场地。

5. 实习记录及成绩评定（表 8-2）

表 8-2 加工螺母实测记录及评分

序号	项目要求	配分	实测记录	评分标准	得分
1	平行度 0.06（三组）	10		一处超出公差带≤50%，扣除该处配分的 1/2；一处超出公差带＞50%，扣除该项全部配分	
2	夹角 120°±6′	20			
3	尺寸 24±0.1	10			
4	垂直度 0.05（六组）	10			
5	平行度 0.01	10			
6	尺寸 13±0.1	5			
7	螺纹正确	25		乱扣、滑扣，扣 20 分	
8	粗糙度符合要求	10		每一项不合格扣 2 分	
9	安全文明生产			违规者每次扣 2 分	
10	时间定额 6h			每超 10min 扣 2 分	
日期		班级	姓名	指导教师	

二、錾口手锤的制作

按图 8-2 所示要求制作錾口手锤。

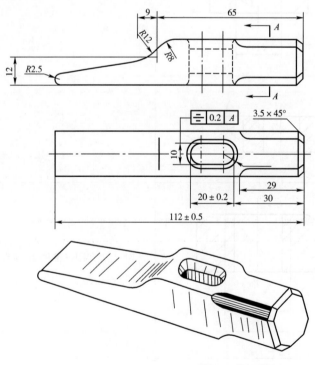
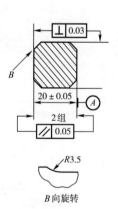

图 8-2 錾口手锤

1. 操作要求

通过制作手锤操作实习,掌握划线、錾削、锉削、锯削和钻孔的操作技能。

2. 工具、量具、设备及材料

划针、划规、手锤、样冲、钢板尺、直角尺、游标卡尺、錾子、手锯、锉刀、钻头、钻床、夹具及45钢。

3. 操作步骤(表8-3)

錾口手锤加工工艺卡　　　　　　　　　　　　　　　表8-3

序号	工 序	工 序 图	技 术 要 求
1	下料	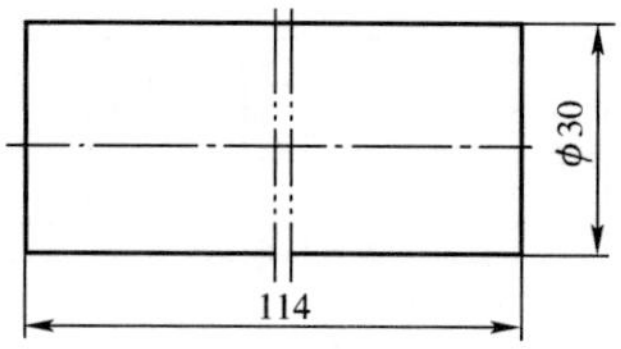	按 $\phi 30 \times 114$ 下料
2	立体划线	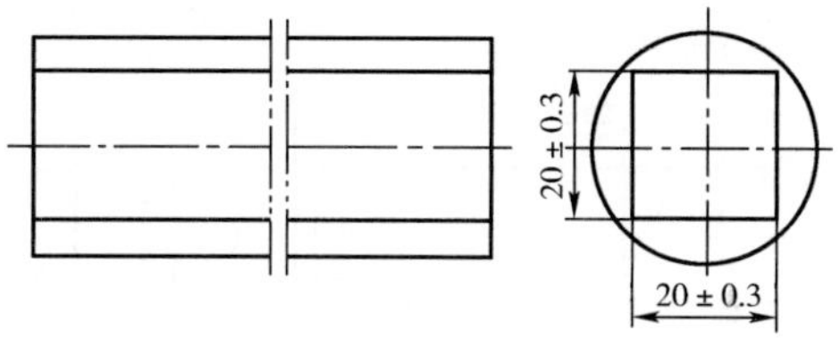	线条清晰,轮廓分明
3	锉削	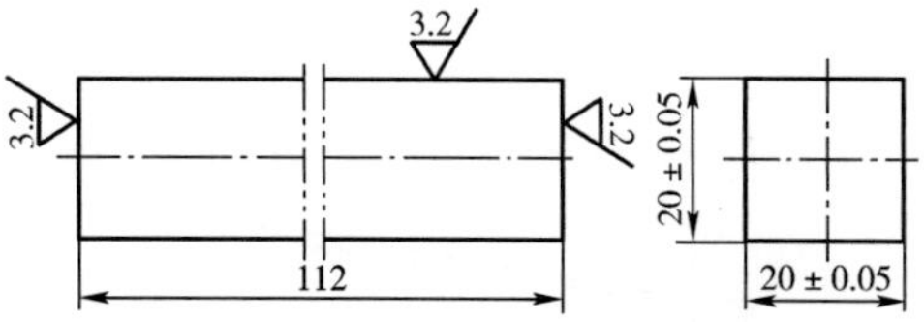	保证垂直度0.03。平行度0.05,尺寸公差留0.3~0.5mm精加工余量,$R_a 3.2 \mu m$
4	划 4-3.5×45°倒角加工线	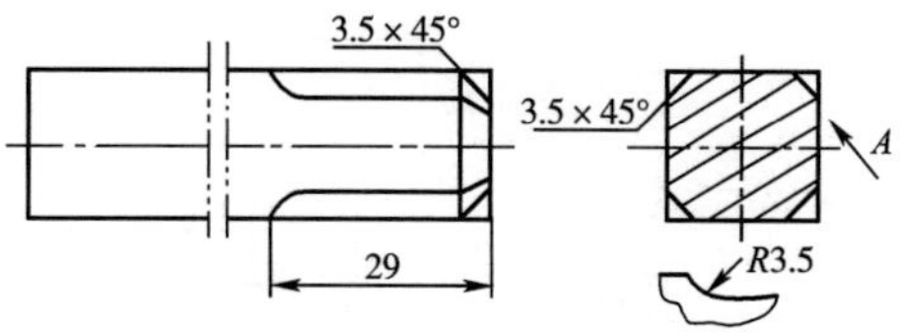	
5	粗、精锉削 4-3.5×45°倒角,用圆锉精加工 $R3.5$ 圆弧	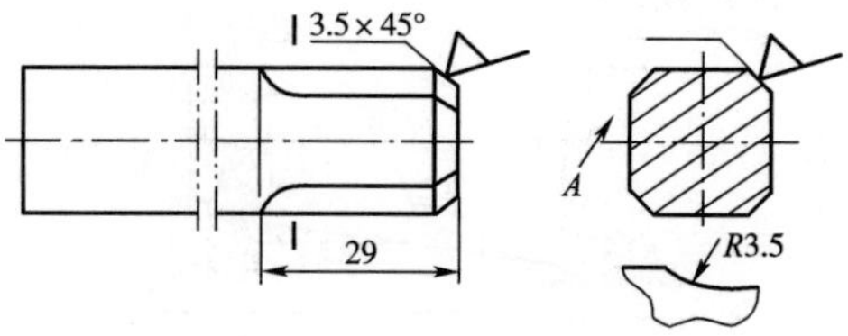	

续上表

序号	工序	工序图	技术要求
6	划腰孔加工线	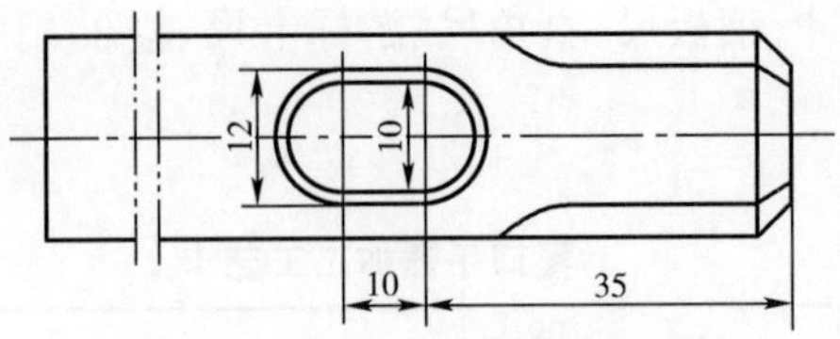	
7	用 φ9mm 钻头钻孔	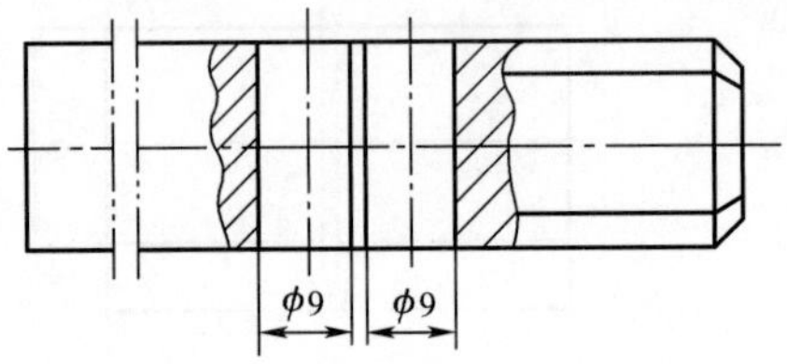	
8	用圆锉锉通两孔，然后用小平锉按图样要求锉好腰形孔	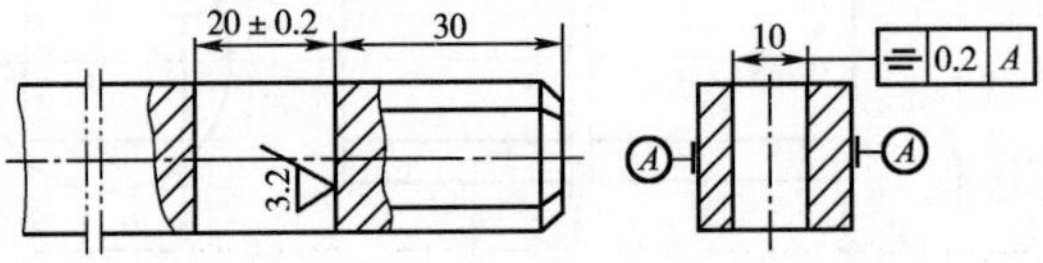	保证尺寸公差和对称度
9	R12 斜面划线	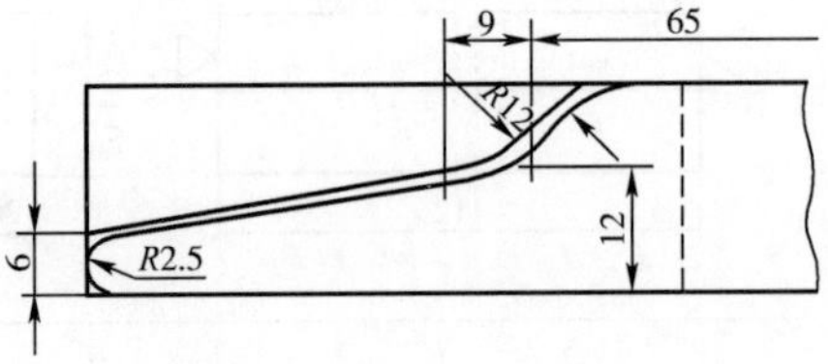	
10	锯割 R12 斜面	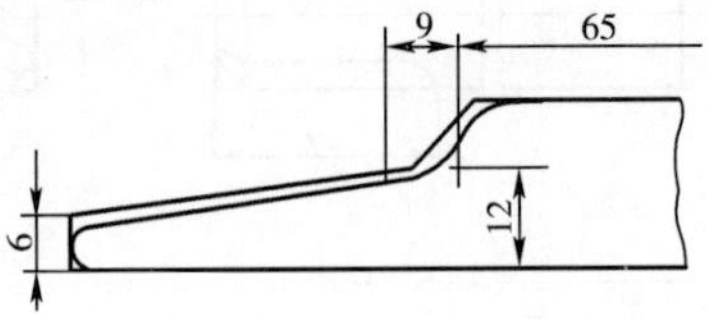	留存锉削余量
11	粗、精锉 R8 外圆弧面，粗、精锉 R12 内圆弧面，粗、精锉斜面	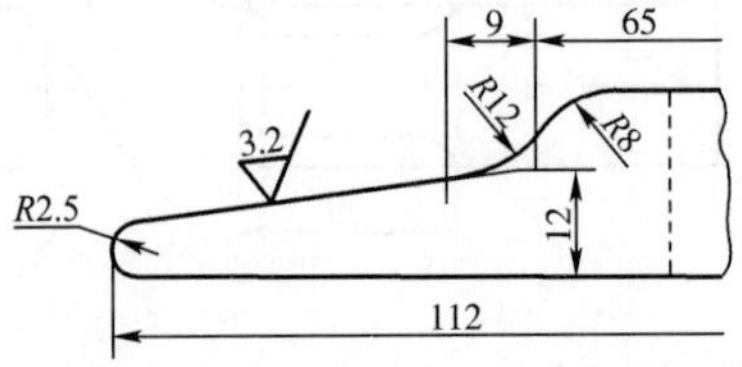	保证各形面连接圆滑

续上表

序号	工 序	工 序 图	技 术 要 求
12	腰孔各面倒1mm弧形喇叭口,用砂布抛光	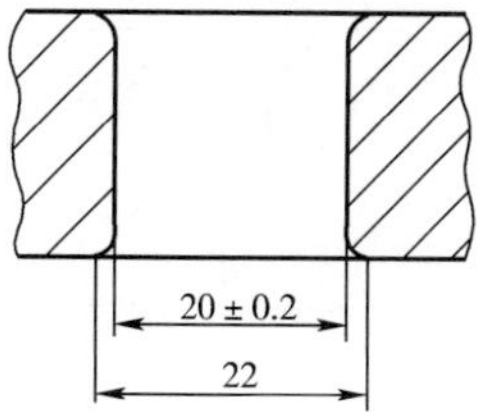 （工序图：20±0.2，22）	
13	用细平锉、斗圆锉做推锉修正		保证尺寸公差、对转度、垂直度和粗糙度等
14	热处理及发蓝		

4. 注意事项

(1) 工件钻孔时要找正夹紧;

(2) 锉削腰孔时,应先锉两侧平面,后锉两端弧面;

(3) 加工 $R12$ 与 $R8$ 内外圆弧面时,横向须平直,并与侧平面垂直,以使弧形面连接正确;

(4) 制作过程中,要注意各面相接处棱角清晰,各处圆角圆滑无棱,锉纹顺直齐正,表面无损伤,外形美观。

5. 实习记录及成绩评定(表8-4)

錾口锤操作实测记录及评分表   表8-4

序号	项目要求	配分	实测记录	评分标准	得 分
1	尺寸公差要求±0.05	20		超出公差带≤50%,扣除该处配分的1/2;超出公差带>50%,扣除该项全部配分	
2	腰孔形状偏差0.50	10			
3	表面粗糙度 R_a≤3.2μm,纹理齐正	15			
4	平行度0.05(两处)	6			
5	垂直度0.03(四处)	8			
6	倒角均匀,各棱线清晰	15		一项不符合要求扣5分	
7	$R2.5$ 圆弧面圆滑	10		不圆滑扣10分	
8	$R12$ 与 $R8$ 圆弧面连接圆滑	10		不圆滑每项扣5分	
9	安全文明生产			违规者每次扣2分	
10	时间定额16h				
日期		班级		姓名	指导教师

课题九
曲面刮削

 教学要求
1. 了解刮削的作用、加工特点和应用范围;
2. 熟悉显示剂的种类、使用方法及刮削精度的检查方法;
3. 熟悉常用刮刀的几何形状,学会曲面刮刀的刃磨;
4. 掌握曲面刮削的姿势和操作方法。

一、刮削的原理、作用及应用范围

用刮刀在工件表面上刮去一层很薄的金属层,使工件表面达到技术要求的工艺操作称为刮削。它又可因加工面的不同分为平面刮削和曲面刮削。用平面刮刀削去已加工平面薄层金属的操作称为平面刮削;用曲面刮刀削去已加工曲面薄层金属的操作称为曲面刮削。

1. 刮削原理

在工件或校准工具上,如平板和被刮削工件相配合的工件上,涂上一层显示剂,经过对研使工件较高的部位显示出来,然后用刮刀刮去较高部位的金属层。经过反复显示和刮削,工件表面的接触点不断增加,这样工件的加工精度和表面粗糙度就可以达到预期的要求。

2. 刮削的作用

刮削可使工件表面推挤压光,表面粗糙度 R_a 可达到 $0.4 \sim 1.6 \mu m$,同时经过刮削的工件表面形成较均匀的微浅凹坑,起到储油作用,减少了配合面的摩擦。

3. 应用范围

(1) 使零件获得所需的形位精度和尺寸精度。
(2) 使零件获得良好的表面粗糙度。
(3) 使零件获得良好的机械配合。
(4) 提高零件表面的美观性。

4. 刮削余量

刮削是一种很精细的手工操作,每次只能刮去很薄的一层金属,所以工件表面余留的刮削量不宜很大。平面和孔的刮削余量可参见表 9-1。

刮 削 余 量（mm） 表9-1

平面的刮削余量					
平面宽度	平面长度				
	100～500	500～1 000	1 000～2 000	2 000～4 000	4 000～6 000
100 以下	0.10	0.15	0.20	0.25	0.30
100～500	0.15	0.20	0.25	0.30	0.40
孔的刮削余量					
孔径	孔长				
	100 以下		100～200		200～300
80 以下	0.05		0.08		0.12
80～180	0.10		0.15		0.25
180～360	0.15		0.20		0.35

二、刮削工具和显示剂

1. 刮刀

1）刮刀的种类

（1）平面刮刀

平面刮刀用于刮削平面和刮花，如图9-1a）、b）所示，平面刮刀的刀头要有足够的硬度，刀身有一定的弹性，通常用碳素工具钢锻制成形，再经淬火硬化，当工件硬度较大时，可换用高速钢或硬质合金制成的刀头。

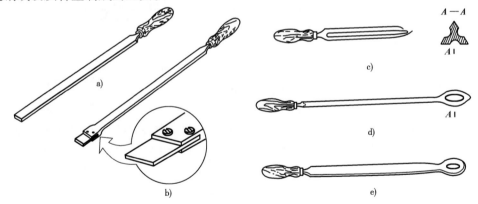

图 9-1 刮刀

a）普通平面刮刀；b）活头平面刮刀；c）三角曲面刮刀；d）蛇头曲面刮刀；e）圆头内孔刮刀

按刮削平面的精度不同，刮刀又可分为粗刮刀、细刮刀和精刮刀，区别在于头部形状不同，如图9-2所示。

（2）曲面刮刀

曲面刮刀主要用来刮削内曲面，如轴套、轴瓦等。常用的有三角刮刀和蛇形刮刀两种，如图9-1c）、d）、e）所示。

2）刮刀的刃磨

为了保持刮刀刃的锋利,需要经常打磨,下面分别叙述平面刮刀和曲面刮刀的刃磨。

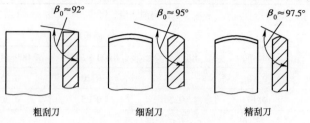

图 9-2 刮刀头部形状

(1) 平面刮刀的刃磨

刮刀的大平面粗磨在砂轮机上进行。开始时先接触砂轮边缘,再慢慢平靠砂轮侧面,并前后移动打磨,如图 9-3a)所示,如此操作使两面都磨平整,厚薄一致,刮刀两侧面的粗磨和大平面粗磨的方法相同。刮刀顶端面的粗磨是将刮刀顶端靠近砂轮轮缘并保持一定倾斜度,之后一边将刮刀左右移动,一边将刀身慢慢移动到水平位置,如图 9-3b)、c)所示,最后应使顶端面与刀身轴线垂直。

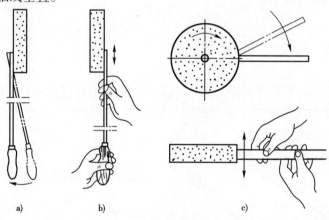

图 9-3 刮刀粗磨的方法
a)、b) 磨刮刀平面;c) 磨刮刀端面

粗磨基本达到刮刀几何形状后,再将刮刀在油石上精磨,如图 9-4 所示,先磨两平面,后磨端面。初学时可将刮刀上部靠在肩上,两手握刀身,向后拉动来磨锐刃口,向前则将刮刀提起。

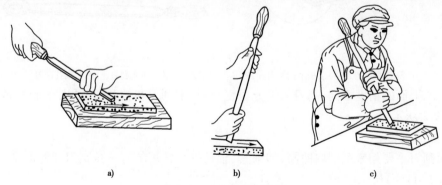

图 9-4 刮刀在油石上精磨
a) 磨平面;b) 手持磨顶端面的方法;c) 靠肩双手握持磨法

(2) 曲面刮刀的刃磨

曲面刮刀粗磨时一般用右手握刀柄,左手握刀身,将刮刀以水平位置轻压在砂轮外圆周上,使它按刀刃形状作弧形摆动,同时在砂轮宽度上来回移动,使三个面的交线形成弧形刀刃,基本成形后再顺着砂轮机的外圆周面进行修整,如图9-5a)、b)所示。

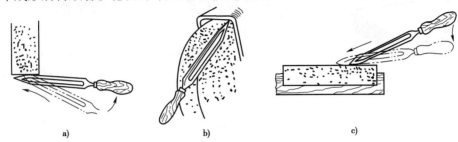

图9-5 曲面刮刀刃磨
a)磨弧面刀刃;b)在曲面刮刀上开槽;c)在油石上精磨

曲面刮刀的精磨必须在油石上进行,精磨时应顺着油石长度方向来回推磨,同时还要按刀刃的弧形作摆动,直至刀刃锋利为止,如图9-5c)所示。

2. 显示剂

显示剂是在刮削中为了清楚显示工件误差的位置和大小所使用的一种涂料。

1) 常用显示剂的特点及应用(表9-2)

常用显示剂的特点及应用　　　　表9-2

名　称	特　点　及　应　用
红丹粉	红褐色,颗粒细,显示清晰,不反光,价格低廉,与机油调和使用,是最常用的显示剂
普鲁士蓝油	深蓝色,对研后点小、清晰,价格昂贵,与蓖麻油及适量机油调和而成,应用于精密工件、有色金属工件和合金工件

2) 显示剂的使用方法和要求

如图9-6所示,以红丹粉为例,红丹粉与机油的调和浓度应适当,粗刮时调得稍稀些,精刮时调得稍干些。显示剂应涂抹得薄而均匀,涂得过厚研磨点易模糊成团。

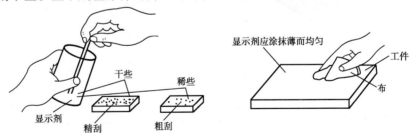

图9-6 使用显示剂的要求和方法

3. 标准工具及精度检测

标准工具也称研具,它用来推磨研点和检测被刮面的准确性。常用的标准工具有标准平板、校正直尺、角度直尺等,如图9-7所示。刮削精度的检测包括对尺寸精度、形状和位置精度、接触精度、贴合精度和表面粗糙度的检测。

对刮削质量最常用的检测方法是,将被刮面与校准工具对研后用边长为25mm的正方形方框罩在被测面上,根据方框内的接触点数来决定,如图9-8所示。各种平面接触精度的接触点数见表9-3。曲面刮削主要是对滑动轴承内孔的刮削,不同接触精度的接触点数见表9-4。

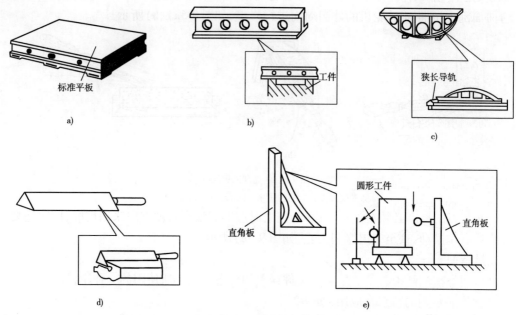

图9-7 基准工具
a)标准平板;b)工形平尺;c)桥形平尺;d)角度平尺;e)直角板

图9-8 用方框检查接触点

各种平面接触精度的接触点数　　表9-3

平面种类	每边长为25mm正方形面积内的接触点数	应 用 举 例
一般平面	2~5	较粗糙机件的固定结合面
	5~8	一般结合面
	8~12	机器台面,一般基准面,机床导向面,密封接合面
	12~16	机床导轨及导向面,工具基准面,量具接触面
精密平面	16~20	精密机床导轨,平尺
	20~25	1级平板,高精密量具
超精密平面	>25	0级平板,高精密度机床导轨,精密量具

滑动轴承的接触点数　　表9-4

轴承直径 d (mm)	机床或精密机械的主轴轴承			锻压设备、通用机械的轴承		动力机械、冶金设备的轴承	
	高精度	精度	普通	重要	普通	重要	普通
	每边长为25mm的正方形面积内的接触点数						
≤120	25	20	16	12	8	8	5
>120	16	10	8	6	6	2	

三、曲面刮削操作的方法

1. 刮削姿势

曲面刮削按曲面所在工件位置的不同又可分为内曲面刮削和外曲面刮削。

1）内曲面刮削姿势

内曲面刮削有两种不同的姿势,第一种如图9-9a)所示,用右手握住刀柄,左手横握住刀身中部,拇指抵住刀身,刮削时右手如图示方向作圆弧运动,左手顺着曲面方向使刮刀作前推或后拉的螺旋形运动,刀迹与曲面轴心线成45°角交叉进行。第二种方法如图9-9b)所示,将刮刀柄搁在右手臂上,右手掌心向上握住刀身后端,左手掌心向下握住刀身前端,手的动作和运动方向跟第一种方法相同。

2）外曲面刮削姿势

如图9-10所示,双手握住平面刮刀刀身,左手在前右手在后,刮刀柄夹在右腋下,右手掌握刮刀方向,左手加压并提起刮刀,刮刀和外曲面倾斜成30°角交叉进行。

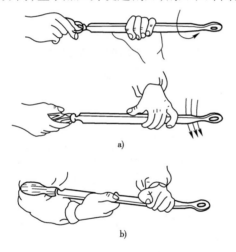

图9-9 内曲面刮削姿势　　　　图9-10 外曲面刮削姿势

2. 曲面刮削的方法和步骤

1）研点方法

将精镗后的轴瓦涂上显示剂,刮削有色金属(如青铜,巴土合金)时,可选用蓝油,精刮时可选用蓝色或黑色油墨代替,然后将工件安装好,用标准轴承校样件作校样研点,如图9-11所示。研点时将轴来回转动,不可沿轴线方向移动,精刮时转动要小。

2）刮削方法

内曲面刮削可用三角刮刀或圆头、蛇头刮刀。在刮削中,正确掌握刮刀是很重要的。三角刮刀的位置有以下三种情况:

（1）前角等于零。刮刀的两刃口直线与孔的中心

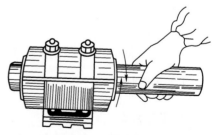

图9-11 校样研点

线重合,如图9-12a)所示,这种刮削法能进行较厚的刮削,适用于圆孔表面粗糙或加工余量

较大的工件,但产生的凹痕较深。

(2) 有较小的负前角。刮刀的两刃口直线与孔的中心线略有倾斜,如图9-12b)所示,这种刮削法刮削量比较大,能把高点子很好地刮去,并能把圆孔表面集中的点子改变成均匀而分散的点子。

(3) 有较大的负前角。刮刀的两刃口直线与孔的中心线近于对称,如图9-12c)所示,这种刮削切屑极薄,不会产生凹痕,刮削的表面很光滑,多数用于修整内孔表面。

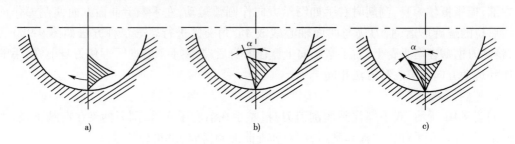

图9-12 三角刮刀的位置

a)前角等于零;b)有较小的负前角;c)有较大的负前角

曲面刮削与平面刮削一样,也要每次研点以后改变刮削的方向,如图9-13所示。要正确地掌握刮刀的压力,开始时,刮刀的压力要大些,然后逐渐减小压力,避免刮坏工件表面。

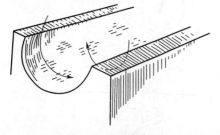

图9-13 刮刀推动方向

3. 精度检验

内曲面刮削后的精度要求以单位面积内的接触点数表示,参见表9-4。例如滑动轴承要求的接触点数应根据轴在轴承内的工作情况合理分布,以取得较好的工作效果。轴承两端研点数应多于中间部分,使两端支承轴颈平稳旋转;中间接触点较少些,有利于润滑,减少发热。

4. 曲面刮削注意事项

(1) 刮削时用力不可太大,否则容易发生抖动,表面产生震痕。

(2) 研点时要将标准轴来回转动,不可沿轴线方向移动。

(3) 每刮一遍后,下一遍刮削应交叉进行,以避免刮削面产生波纹,研点也不会成条状。

(4) 在一般情况下由于孔的前后端磨损较快,因此刮削内孔时,前后端的研点要多些,中间段研点可少些。

(5) 应根据粗、细和精刮掌握不同的刮刀前角。

四、刮削操作实习

1. 实习名称

汽车发动机连杆合金轴承的刮削。

2. 实习要求

(1) 掌握曲面刮刀刃磨方法;

(2)掌握曲面刮削的基本操作技能。

3. 工具和量具

曲面刮刀、油石、显示剂、套角扳手、连杆、曲轴(标准曲轴)、带 V 形槽的曲轴支架和扭力扳手。

4. 操作步骤

(1)把曲轴安放在 V 形支架上,并在曲轴连杆轴颈处均匀涂上红丹粉。

(2)把带有轴承的连杆套在曲轴连杆轴颈上,拧紧螺母,使连杆转动有阻力。

(3)将连杆拆下,检查轴承表面触点情况,分上下片进行修刮;修刮时按"刮重留轻,刮大留小"的原则进行。刮面要小,刮量要少,边刮边试反复进行。

(4)轴承在修刮过程中,其轴承与轴颈的接触一般都在每片的两端。经几次修刮后,当接触面扩大到轴承长度的三分之一处时,在轴承盖两端面接触处垫入厚度为 0.05mm 的垫片 2~3 片以提高刮削速度,减少合金修刮量。轴承修刮要多次反复进行,直至连杆松紧合适,轴承表面接触面积不小于 75%。

5. 注意事项

(1)曲轴安放要平稳、牢靠。

(2)刮削时姿势要正确,反复练习。

(3)每次刮削落刀位置应相互交叉,以免产生波纹。

(4)不可将两个刮刀刃同时接触刮削面,以防止刮削太厚造成难以清除的凹痕。

(5)要保持刮刀的锋利。

6. 操作实习记录及成绩评定(表9-5)。

轴承刮削实测记录及评分　　　　　　表9-5

序号	项目要求	配分	实测记录	评分标准	得分
1	轴瓦表面接触点(75%)	30		50%＜接触点＜75%扣15分,接触点≤50%扣30分	
2	轴瓦与轴颈配合松紧度	30		不合格扣30分	
3	轴瓦表面刀痕刮点质量	20		按质量给分	
4	刮削操作姿势	20		按操作姿势给分	
5	安全文明生产			违章扣分	
日期		班级	姓名	指导教师	

课题十 研　磨

> **教学要求**
> 1. 了解研磨的目的和原理；
> 2. 掌握研磨剂和研磨工具的种类、使用方法及平面和曲面的研磨方法；
> 3. 熟悉研磨在汽车维修中的应用。

一、研磨的目的及原理

用研磨工具和研磨剂从工件上研去一层极薄表面层的精加工方法称为研磨。

1. 研磨目的

研磨是一种精加工，能使工件得到精确的尺寸，还能获得极细的表面粗糙度。另外经研磨的工件，其耐磨性、抗腐蚀性和疲劳强度也都相应提高，从而延长了工件的使用寿命。在汽车制造和修理行业中均有所应用，如研磨发动机气门、气门座、高压油泵柱塞阀、喷油嘴等。

2. 研磨原理

研磨加工包括物理和化学两方面的作用。

（1）物理作用。研磨时，涂在研具表面的磨料受压嵌入研具表面成为无数切削刃，当研具和被研工件作相对运动时，磨料对工件产生挤压和切削作用。

（2）化学作用。有些研磨剂易使金属工件表面氧化，而氧化膜又容易被磨掉，因此研磨时，一方面氧化膜不断产生，另一方面又迅速被磨掉，从而提高了研磨效率。

3. 研磨余量

研磨是一种切削量很小的精密加工，研磨余量不能过大，通常余量在 0.005～0.03mm。如研磨面积较大或形状精度要求较高时则研磨余量可取较大值。

二、研磨剂

研磨剂是由磨料、研磨液及辅助材料混合而成的混合剂。

1. 磨料

在研磨中起切削作用，常用的磨料有刚玉、碳化物和金刚石三类，见表 10-1。

磨料的系列与用途 表10-1

系列	磨料名称	代号	特性	适用范围
刚玉	棕刚玉	A	棕褐色,硬度高,韧性大,价格便宜	粗、精研磨钢、铸铁和黄铜
	白刚玉	WA	白色,硬度比棕刚玉高,韧性比棕刚玉差	精研磨淬火钢、高速钢、高碳钢及薄壁零件
	铬刚玉	PA	玫瑰红或紫红色,韧性比白刚玉高,磨削表面质量好	研磨量具、仪表零件及高精度表面
	单晶刚玉	SA	淡黄色或白色,硬度和韧性比白刚玉高	研磨不锈钢、高速钢等强度高、韧性大的材料
碳化物	黑碳化硅	C	黑色,有光泽,硬度比白刚玉高,性脆而锋利,导热性和导电性良好	研磨铸铁、黄铜、铝、耐火材料及非金属材料
	绿碳化硅	GC	绿色,硬度和脆性比黑碳化硅高,具有良好的导热性和导电性	研磨硬质合金、光铬、宝石、陶瓷、玻璃等材料
	碳化硼	BC	灰黑色,硬度仅次于金刚石	精研磨或抛光硬质合金、人造宝石等硬质材料
金刚石	人造金刚石	JR	无色透明或淡黄色、黄绿色或黑色,硬度高,比天然金刚石略脆,表面粗糙	粗、精研磨硬质合金、人造宝石、半导体等高硬度脆性材料
	天然金刚石	JT	硬度最高,价格昂贵	
其他	氧化铁		红色至暗红色,比氧化铬软	精研磨或抛光钢、铁、玻璃等材料
	氧化铬		深绿色	

磨料粗细用粒度表示,共分41个号。颗粒尺寸大于 $50\mu m$ 的有4号、5号……240号共27种,号数愈大,磨料愈细;颗粒尺寸很小的磨料有W63、W50、……W05共15种,这一组号数愈大,磨粒愈粗。各类研磨粉的应用情况见表10-2。

常用的研磨粉 表10-2

研磨粉号数	研磨加工类别	可达到的表面粗糙度 $R_a(\mu m)$
100号~240号	用于最初的研磨加工	
W40~W20	用于粗研磨加工	0.2~0.1
W14~W7	用于粗研磨加工	0.1~0.05
W5以下	用于粗研磨加工	0.05以上

2. 研磨液

研磨液在研磨中起混合磨料、冷却和润滑作用。研磨液应具备一定的黏度和稀释能力,有良好的润滑和冷却作用。同时对工件无腐蚀作用,易于洗净。

常用的研磨液有机油、煤油、汽油、工业用甘油及熟猪油等。

三、研磨工具

研磨工具是在研磨过程中形成工件正确几何形状的主要因素。因此对研磨工具的几何精度、表面粗糙度都有较高的要求。

1. 研具材料

研具材料的组织结构应细密均匀,避免产生不均匀磨损。其表面硬度应稍低于被研工件,使研磨剂中的磨粒嵌入其中,但也不可太软。另外还应有较好的耐磨性,保证被研工具获得较高的尺寸和形状精度。常用的材料有:

（1）灰口铸铁。润滑性好,磨耗较慢,硬度适中,研磨剂在其表面容易涂布均匀,价廉易得。

（2）球墨铸铁。比灰口铸铁更易嵌存磨料且更均匀牢固。因此用球墨铸铁制作的研具精度保持性更好。

（3）低碳钢。韧性好,不易折断变形,可用来研磨螺纹和小直径工具。

2. 研具的类型

（1）研磨平板。主要用来研磨平面,如图 10-1 所示,有槽平板,用于粗研;光滑平板,用于精研。

（2）研磨环。主要用来研磨工件的外圆柱面和外圆锥面,如图 10-2 所示。

（3）研磨棒。主要用于研磨工件的内圆柱面和内圆锥面,如图 10-3 所示。

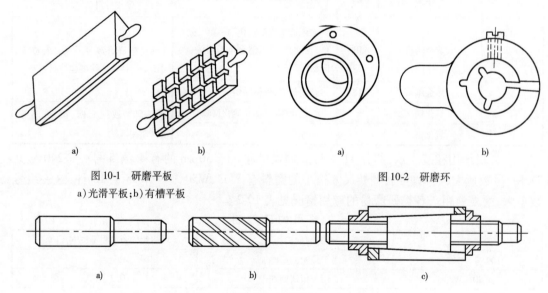

图 10-1　研磨平板
a)光滑平板;b)有槽平板

图 10-2　研磨环

图 10-3　研磨棒
a)固定式光滑磨;b)固定式带槽研;c)可调节式研磨棒

四、研磨方法及注意事项

1. 研磨步骤

（1）准备工件和研具,并在研磨面上涂上一层研磨剂;

（2）将工件放在研具上（或将研具放在工件上）轻轻压紧;

（3）使工件沿研具（或研具沿工件）表面作曲线运动;

（4）经常检查被研工件表面的形状和尺寸。

2. 平面研磨

在研磨平板上进行平面研磨,分粗磨和精磨两个步骤,分别在有槽平板和光滑平板上进行。研磨时首先在平板上涂上一层研磨剂,把工件需要研磨的表面压合在平板上,以"8"字形或螺旋形的旋转和直线运动相结合的方式进行研磨,如图10-4所示。压力应均匀,不宜过大,以免磨粒破碎而造成深痕。研磨剂要经常更换,并且要经常检查工件的表面精度,直到符合要求为止。

3. 圆柱面研磨

1) 研磨外圆柱面

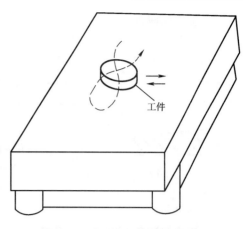

图10-4 用"8"字形运动研磨平面

如图10-5所示,工件由车床带动,其上均匀涂布研磨剂,用手推动研磨环(研套),通过工件的旋转和研磨环在工件上沿轴线方向作往复运动进行研磨。当工件直径小于80mm时,转速为100r/min,直径大于100mm时,为50r/min。研套往返运动的速度可根据工件研磨时出现的网纹来判断是否合适。

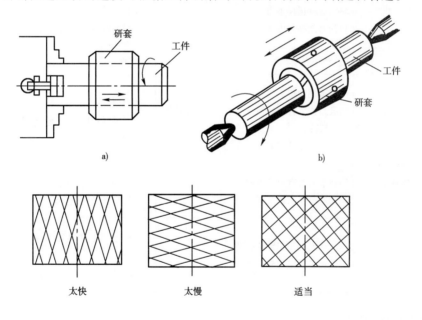

图10-5 研磨外圆柱面

2) 研磨内圆柱面

研磨内圆柱面时可将研磨棒夹在车床卡盘上,把工件套在研磨棒上,使研具作旋转运动,工件作往复移动,其他操作与研磨外圆柱面相同。

3) 研磨圆柱面注意事项

(1) 研具和工件间配合不宜太松(以手指不十分费力为准);

(2) 工件两边不能有多余的研磨剂挤出,否则会造成喇叭口(尤其在研磨孔时);

(3) 研磨后不能立即测量直径,应待冷却后再行测量。

4. 圆锥面研磨

有锥孔的工件必须用圆锥面研棒(研磨塞)来研磨,研棒的锥度要和工件孔的锥度相同,锥体的斜度要磨得非常准确,并且要准备3个以上研棒。研磨锥孔时,把研棒插入锥孔中,用手顺着同一方向旋转,大致每转3~4次后,必须把研棒稍微拔出一些,然后再推入研磨,如图10-6所示。当锥孔表面全部磨到后,换一个新的研棒再轻轻地研磨一次,待新的研棒把锥孔全部磨合后,取出研棒,再把研棒和锥体擦净,最后在锥孔内壁涂一些机油,再用第三个研棒研磨几分钟即可。

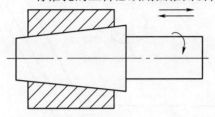

图10-6 研磨圆锥面

5. 研磨时废品产生的原因及防止方法(表10-3)

表10-3 废品的形式、产生的原因及防止方法

废品形式	废品产生的原因	防止方法
表面不光洁	(1)磨料过粗; (2)研磨液选择不当; (3)研磨剂涂得太薄	(1)正确选用磨料; (2)正确选用研磨液; (3)研磨剂涂布应适当
表面拉毛	研磨剂中混入杂质	重视并做好清洁工作
平面成凸形或孔口扩大	(1)研磨剂涂得太厚; (2)孔口或工件边缘被挤出的研磨剂未擦去就继续研磨; (3)研磨伸出孔口太长	(1)研磨剂应涂得适当; (2)被挤出的研磨剂应擦去后再研磨; (3)研磨伸出长度应适当
孔成椭圆形或有锥度	(1)研磨时没有更换方向; (2)研磨时没有调头研	(1)研磨时应变换方向; (2)研磨时应调头研
薄形工件拱曲变形	(1)工件发热了仍继续研磨; (2)装夹不正确引起变形	(1)不使工件温度超过50℃,发热后应暂停研磨; (2)装夹要稳定,不能夹得太紧

五、研磨操作实习

1. 实习名称

汽车发动机气门及气门座的研磨。

2. 实习要求

(1)掌握锥形面研磨的操作方法;

(2)气门和气门座圈的工作表面研磨精度和粗糙度符合要求,保证其密封。

3. 工具和量具

橡皮捻子、研磨膏、机油和显示剂。

4. 操作方法及步骤

（1）清洁气门、气门座及气门导管，并在气门上按顺序做好记号，以免错乱。

（2）在气门工作面上涂抹一层薄薄的粗研磨砂，同时在气门杆上涂以机油。将气门杆插入导管内，用橡皮捻子吸住气门上平面进行研磨。

（3）研磨时应不时地提起和旋转气门，使气门作往复旋转运动，改变接触部位，如图10-7所示。上下和旋转的幅度不要过大，不要上下敲打气门，避免工作面上出现砂痕。当气门上研磨出一条整齐、无斑痕的接触带时，可将粗砂擦去，换用细研磨砂进行精磨，直至出现一条整齐、灰色的无光泽环带时，再洗去细砂，涂上机油，继续研磨几分钟即可。

（4）全部气门研磨后，用汽油清洗气门、气门座及导管，并擦干净。

（5）对气门与气门座间进行密封性检查。用软铅笔在气门工作面上均匀地划上直线条，如图10-8a）所示，然后插入原气门座，用橡皮捻子吸住气门，将气门上下拍击数次，取出后观察铅笔线，应全部被切断，如图10-8b）所示。如发现有未被切断的线条，可将气门再插入原座，转动1~2圈后取出，若该线条仍未断，说明气门有缺陷；若该线条被切断，则说明气门座有缺陷。发现缺陷，应继续研磨。也可用红丹粉涂在气门上代替铅笔线，再用上述方法进行检验。但此时应观察气门座上的红丹粉印痕，判别其合格与否。

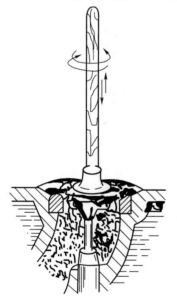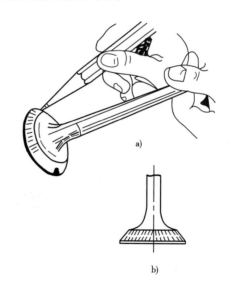

图10-7　用橡皮捻子研磨气门　　　　　图10-8　气门密封性检验
　　　　　　　　　　　　　　　　　　　a）用铅笔在锥面上划线；b）试配后线条全被割断

5. 安全及注意事项

（1）研磨气门时，不能过分用力拍转，更不能用气门在座圈上用力敲打，避免将气门和气门座接触环带磨宽或磨成凹形槽痕。

（2）磨时不要将研磨砂掉入气门与导管之间，避免气门杆与导管受到不应有的损伤。

（3）磨完后一定要把气门、气门座及导管洗净，并将机油涂于气门、气门座和导管工作表面；装入气门时编号不能错乱。

6. 操作实习记录及成绩评定（表10-4）

气门研磨实测记录及评分　　　　　　表10-4

序号	项目要求	配分	实测记录	评分标准	得分
1	气门研磨方法正确	30		视操作情况给分	
2	正确选用研磨剂	10		选用不正确扣10分	
3	气门研磨环带细密均匀	20		视环带质量给分	
4	清洗气门及气门座、导管	10		视情况给分	
5	密封性好	30		50%≤铅笔线被切断<100%扣15分，铅笔线被切断<50%扣30分	
6	安全文明生产			违章扣分	
日期		班级	姓名	指导教师	

课题十一　铆　接

> **教学要求**
> 1. 了解铆钉及铆接工具的种类,能按铆接零件的厚度和铆合头的形状大小确定铆钉长度;
> 2. 掌握铆接的方法;
> 3. 熟悉喇叭口的铆接方法。

一、铆接的过程、种类及形式

用铆钉连接两件或数件工件的操作方法叫铆接,铆接是一种不可拆的连接。

1. 铆接过程

如图 11-1 所示,将铆钉插入被铆接工件的孔内,铆钉预制钉头紧贴工件表面,然后将铆钉杆的一端用罩模镦粗为铆合头。

铆接有使用方便、连接可靠等优点,所以目前在车辆、桥梁、船舶等行业仍得到广泛的应用。

2. 铆接的种类

铆接按使用要求和铆接方法的不同可分为多种类型,详见表 11-1。

铆接的种类和应用　表 11-1

分类方式	种类	应用
按使用要求	活动铆接	剪刀,划规等工具
	固定铆接	桥梁,车架等
按铆接方法	冷铆接	直径在 8mm 以下钢制铆钉
	热铆接	直径大于 8mm 以上钢制铆钉
	混合铆接	小号铆钉只在铆钉端部加热

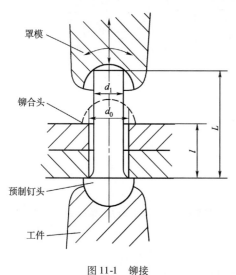

图 11-1　铆接

3. 铆接的形式

铆接的形式如图 11-2 所示，可分为搭接、对接和角接三种。

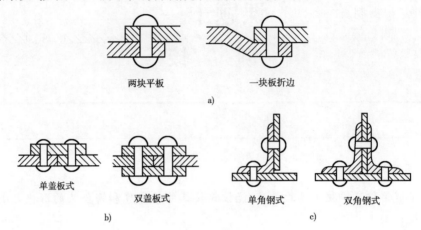

图 11-2 铆接的形式
a) 搭接；b) 对接；c) 角接

4. 铆道及铆距

铆道是铆钉的排列形式，根据铆接强度和密封的要求，铆道有单排、双排和多排等，如图 11-3 所示。铆距是指铆钉与铆钉间或铆钉与铆接板边缘间的距离。按结构和工艺的要求，对铆距的规定如下：

（1）单排排列。铆钉中心之间的距离应等于铆钉直径的 3 倍，而铆钉中心到边缘的距离应是铆钉直径的 1.5 倍（钻孔）或 2.5 倍（冲孔）。

（2）双排排列。铆钉距离应等于直径的 4 倍，而铆钉中心至铆件边缘的距离应是铆钉直径的 1.5 倍。铆钉排列之间的距离应为铆钉直径的 2 倍。

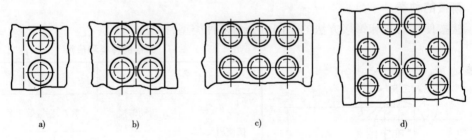

图 11-3 铆接的排列形式
a) 单排；b) 双排并列；c) 多排并列；d) 交错式

二、铆钉和铆接工具

1. 铆钉

铆钉各部分的名称如图 11-4 所示，原头是已制成的铆钉头，铆合头是铆钉杆在铆接过程中做成的第二个铆钉头。

1）铆钉的种类

铆钉按形状、用途的不同可分成许多种类，详见表 11-2。

2)铆钉材料

铆钉材料必须适合加工成形,要有良好的延展性和韧性。根据制造材料的不同通常有钢铆钉、铜铆钉和铅铆钉等。

3)铆钉直径的计算

铆钉直径和被连接板的最小厚度 δ 有关,铆钉直径一般取板厚的 1.8 倍,即 $d = 1.8\delta$。当几块板铆接在一起时,直径至少要等于所有板总厚度的 1/4。

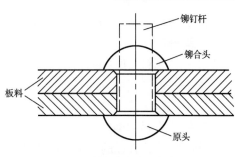

图 11-4 铆钉各部分的名称

铆钉的种类及应用　　　　　　　　　表 11-2

名　称	形　状	应　用
平头铆钉		铆接方便,应用广泛,常用于一般无特殊要求的铆接中,如铁皮箱盒、防护罩壳及其他结合件中
半圆头铆钉		应用广泛,钢结构屋架、桥梁、车辆和起重机等常用这种铆钉
沉头铆钉		应用于框架等制品表面要求平整的地方,如铁皮箱框的门窗以及有些手用工具等
半圆沉头铆钉		用于有防滑要求的地方,如踏脚板和走路梯板等
管状空心铆钉		用于在铆接处有空心要求的地方,如电器部件的铆接等
皮带铆钉		用于铆接机床制动带以及铆接毛毡、橡胶、皮革等材料制件

【例】　计算确定图 11-5 中铆钉的直径。图中 $\delta' = 5\text{mm}, \delta = 24\text{mm}$。

$$d = 1.8\delta' = 1.8 \times 5 = 9\text{mm}$$
$$d = 1/4\delta = 1/4 \times 24 = 6\text{mm}$$

所以可选取 6~9mm 直径的铆钉。

4)铆钉长度的确定

铆钉的长度除了考虑被铆接件的总厚度外,还必须保证足够用以制作完整的铆合头。铆钉过短或过长都会造成铆接的废品。确定铆钉的长度可用下列经验公式:

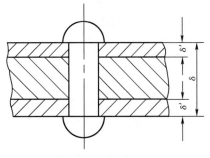

图 11-5 计算铆钉的直径

圆头铆钉 $L = (1.25 \sim 1.5)d + \sum t$

沉头铆钉 $L = (0.8 \sim 1.2)d + \sum t$

式中：L——铆钉长度（mm）；

d——铆钉直径（mm）；

$\sum t$——铆接件总厚度（mm）。

5）钻孔直径的确定

铆接时钻孔直径的大小应随着连接要求的不同而有所变化。如孔径太小，使铆钉插入困难；过大，则铆合后工件容易松动。合适的孔径应按表11-3选取。

表11-3 铆钉直径和钻孔直径（mm）

铆钉直径		4	5	6	7	8	10	11.5	13	16	19	22	25	28	30	34	39
钻孔直径	精配	4.1	5.2	6.2	7.2	8.2	10.5	12	13.5	16.5	20	23	26	29	31	35	39
	中等配	4.2	5.5	6.5	7.5	8.5	10.5	12	13.5	16.5	20	23	26	29	31	35	39
	粗配	4.5	5.8	6.8	7.8	8.8	11	12.5	14	17	21	24	27	30	32	36	40

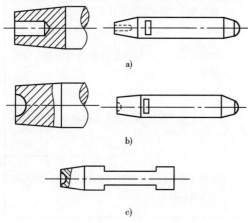

图11-6 铆接工具
a）压紧冲头；b）罩模；c）顶模

6）铆钉标记

铆钉的标记一般要标出直径、长度和国家标准序号，如：铆钉6×30GB 867—1986，其中6表示铆钉直径，30表示铆钉长度，GB 867—1986表示国家标准序号。

2. 铆接工具

（1）锤子。常用圆头锤子，规格为0.25~0.5kg。

（2）压紧冲头。如图11-6a）所示，用来消除被铆合的板料之间的间隙，使之压紧。

（3）罩模和顶模。如图11-6b）、c）所示，多数是制成半圆头的凹球面，用于铆接半圆头铆钉，也有按平头铆钉的头部制成凹形的，用于铆接平头铆钉。

三、铆接方法及注意事项

1. 半圆头铆钉铆接

（1）试配铆接件，在铆接件上划好铆钉孔位置。

（2）确定铆钉的直径和长度。

（3）按铆钉直径钻相应的铆钉孔，如果是沉头铆钉，还要锪孔。另外，为了使铆钉头紧密地贴合在工件表面,最好在孔口处倒角。

(4)将铆钉插入铆钉孔内。

(5)用镦紧冲头镦紧铆接件,使其压紧,如图11-7a)所示。

(6)用手锤镦粗铆钉杆,做出铆合头,如图11-7b)、c)所示,在铆接开始时锤击力量不能太大,以防止铆钉被打弯。

(7)最后用罩模修整铆合头,如图11-7d)所示。

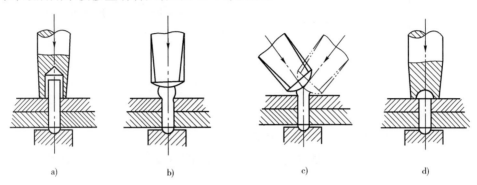

图11-7 半圆头铆钉铆接过程
a)压紧铆钉;b)镦粗铆钉;c)初步打成铆合头;d)做好铆合头

2. 沉头铆钉铆接

沉头铆钉铆接过程如图11-8所示。

3. 空心铆钉铆接

有些工件不能重击,如木材,胶板等,这时需用空心铆钉进行铆接,操作步骤是:

(1)空心铆钉插入孔后,用冲子将铆钉冲成翻边,如图11-9a)所示。

(2)用钉头形冲子冲铆,如图11-9b)所示。

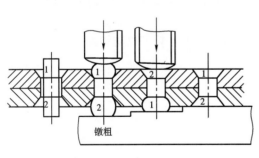

图11-8 沉头铆钉铆接过程

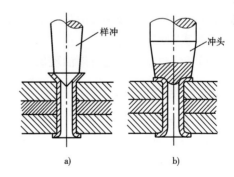

图11-9 空心铆钉铆接过程

4. 铜管喇叭口制作工艺

汽车上的油管经过多次拆装,或因拆装不慎造成裂口漏油,此时如管子有足够的加工余量,可采用喇叭口铆接工艺,特别在应急时更为常用。

1)使用的工具

油管喇叭口制作一般使用铆管器,它由一个扩孔器和两个可选择的夹具组成,如图11-10所示。

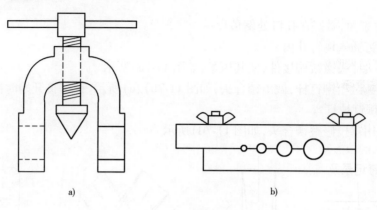

图 11-10 铆管器
a)扩孔器;b)夹具

2)操作步骤及方法

(1)当发现喇叭口损坏时,应先用锯弓锯掉已损坏的部分。

(2)用锉刀锉掉毛刺进行修整,把管端锉平并与轴线垂直,有条件的最好对管口进行退火处理,使管口变软以便扩口。

(3)套入铜管接头,选择合适的夹具,根据铜管粗细选择适当的夹位点,铜管夹入后应使铜管露出夹具平面 1~2mm。

(4)用扩孔器偏斜套住夹具,中心对准管口缓慢旋转,将管口逐步扩大至与接头尾部大小一致即可,最后用锉刀修整。

3)注意事项

(1)当用锉刀进行修整时,要防止铜屑进入铜管而造成油路故障。

(2)铜管露出夹具平面应适当,太多则铜管容易开裂,太少则喇叭口小而不作用,容易漏油。

(3)铜管接头拆卸和装配都应使用两把扳手,一把固定外延接头,一把拧动油管接头,以防油管再次损坏。

(4)如经过扩孔后还有渗油现象,可在喇叭口后面绕上生料带以防渗漏。

四、铆接操作实习

1. 实习名称

铆接离合器从动盘。

2. 实习要求

掌握离合器从动盘摩擦片铆接操作方法。

3. 工具和量具

手虎钳、手锤、钻头、埋头钻、平锪、开花锪。

4. 操作方法及步骤

(1)将两片摩擦片同时放在钢片一边,使其边缘对齐,用手虎钳夹紧;

(2)按钢片上铆钉孔的大小选择合适的钻头(比钢片孔稍小),先钻两上孔,用螺钉定位,然后再钻其余的孔;

(3)用埋头钻钻出埋头坑,坑的深度视衬片材料而定,含铜丝者埋头坑深占片厚的2/3,不含者占片厚的1/2;

(4)将铆钉插入摩擦片铆钉孔中,用平铳和开花铳将铆钉铆紧。

5. 安全及注意事项

(1)铆合时铆钉紧度适宜,不可过紧;

(2)铆合好以后的铆钉头不应露出摩擦片表面,而应低于摩擦片表面 1~1.5mm;

(3)铆钉头的位置应交错排列,内外圈的铆钉头应相对,相对的铆钉头须一正一反。

6. 操作实习记录及成绩评定(表11-4)

铆接离合器从动盘操作记录及评分   表11-4

序号	项目要求	配分	实测记录	评分标准	得分
1	摩擦片与钢片边缘对齐	15		视对齐程度给分	
2	摩擦片与钢片密合	25		有松动扣20分	
3	铆钉铆合平整	25		视平整程度给分	
4	铆钉头与摩擦片表面距离正确	25		铆钉露头扣20分	
5	铆钉头交错排列,排列正确	10		视排列情况给分	
6	安全文明生产			违章扣分	
日期		班级		姓名	指导教师

课题十二
复合作业(二)

> **教学要求**
> 1. 能按照图纸要求,综合利用所学过的操作方法完成一般零件的加工;
> 2. 能根据技术要求的内容,正确使用量具检查零件的质量;
> 3. 能修整和刃磨常见使用工具。

一、汽缸体、汽缸盖平面的刮削

汽缸体、汽缸盖主要定位平面产生变形以及形位公差超过规定值时,将直接影响到发动机的动力性和经济性。因此在大修发动机时,必须按工艺要求进行检测,并予以修复,如变形量不大时,可采用刮削法。

1. 操作要求

掌握所学刮削的基本知识和操作技能,并能正确使用工具、量具对工件进行质量检测。

2. 工具、量具和材料

刀口尺,塞规,专用刮刀,红丹粉,待修汽缸体、汽缸盖。

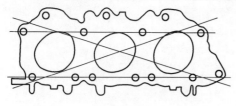

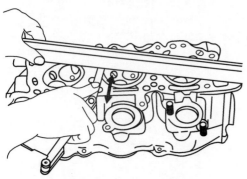

图 12-1　汽缸盖下平面的检测

3. 操作方法及步骤

1)刮削前汽缸体上平面和汽缸盖下平面平面度的检测

(1)用平板与塞规检测。

将被测平面擦净,放在平板上,以塞规多处测量平板与被测平面间的间隙值,其最大间隙值即为该平面的平面度误差。

(2)用刀口尺和塞规检测。

若无平板则可按图 12-1 所示的方法进行检测,将刀口尺放在待测平面的六个位置上,并用塞规测量刀口尺与平面间的间隙,塞入塞规的最大厚度值即为该平面的平面度误差。

检测结果如平面度误差不大于 0.1 ~ 0.3mm 时,可用刮削法进行修复,如超过该值时,可采用铣削、磨削和其他的方法来修整。

2)汽缸体上平面和汽缸盖下平面的刮削

(1)将汽缸体上平面擦净,在其上涂抹一层红丹粉。

(2)将缸体倒置在平板上推磨数次,察看接触印痕。

(3)用专用刮刀(维修机床用)反复刮削,并不断检测研点的多少,当研点增至25mm×25mm 内有 20 个研点时,可将最大、最亮的研点全部刮去,中等研点在其顶点刮去一小片,小研点不刮。

(4)再将缸体倒置在平板上,观察是否与平板密合,或用塞规进行检测,当平面度误差100mm 长度内不大于 0.05mm,全长不大于 0.20mm 时,可认为合格。轿车汽缸体上平面的平面度误差一般不大于 0.15mm。

(5)汽缸盖下平面的操作步骤与上述方法相同。

4. 注意事项

(1)当平面度误差小于 0.1~0.3mm 时,方可采用刮削法修复。

(2)检验前要彻底清理汽缸体(盖)上下平面内、外部的油污、积炭和水垢。

(3)使用刮刀将汽缸体接触表面上所有衬垫材料清除掉,注意不要刮伤表面。

(4)消除毛刺并铲平或刮平螺孔周围的轻微凸起。

5. 操作实习记录及成绩评定(表12-1)

汽缸体(盖)刮削操作记录及评分　　　表12-1

序号	项目要求	配分	实测记录	评分标准	得 分
1	平面度0.15mm	30		一处超出公差带≤50% 扣15 分; 一处超出公差带 >50% 扣30 分	
2	检测方法	15		方法正确给分	
3	工具,量具使用	15		使用正确给分	
4	刮削操作姿势	20		按操作姿势给分	
5	安全文明生产	20		违章扣分	
日期		班级	姓名	指导教师	

二、曲轴连杆轴颈的研磨

发动机在使用过程中,个别连杆轴颈烧损现象时有发生,使轴颈圆度、圆柱度误差超值,并拉伤轴颈,一般应在曲轴磨床上磨修后方可使用。若无曲轴磨床也可采用研磨方法修复。

1. 实习要求

掌握有关研磨的基本知识和操作技能,能利用简易工具对烧损的曲轴连杆轴颈进行修复。

2. 工具和量具

轴颈修复的简易工具除图 12-2 所示外,还有研磨膏、扳手、千分尺和砂布等。

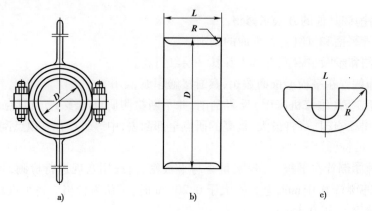

图 12-2 轴颈修磨工具

a）简易工具；b）瓦片；c）调整垫片

3. 操作方法及步骤

（1）选用普通铸铁制成图 12-2b）、c）所示的瓦片，瓦片长度 L 等于待修复轴颈长，留出 0.20mm 左右的间隙，两端圆角 R 应比轴颈两侧圆弧大 1mm，内径 D 根据曲轴轴颈尺寸而定。

（2）先在待修曲轴轴颈上涂上一层气门研磨膏，研磨膏的粗细视轴径烧损程度而定。

（3）装上铸铁瓦，调整垫片及修磨工具架，拧紧螺母。

（4）转动手柄进行修磨，边修磨边检查，直至圆度、圆柱度达到要求为止。

（5）在轴颈表面涂上机油，用 00 号细砂布条包住轴颈，再将麻绳缠绕在砂布条上，反复拉动麻绳，将轴颈抛光。

4. 注意事项

（1）如无专用工具，也可用原连杆代用，在连杆内装上铸铁瓦片，其效果相同。

（2）连杆或工具架的内圆及瓦片内、外圆的精度、圆度、圆柱度误差不大于 0.01mm。

（3）研磨时螺母不能拧得过紧，以能轻松转动并稍感有阻力为宜。

（4）若检查仍未达到要求，可稍拧紧螺母或换用薄垫片后继续研磨。

5. 操作实习记录及成绩考核（表 12-2）

曲 轴 轴 颈 研 磨　　　　　　　　　表 12-2

序号	项目要求	配分	实测记录	评分标准	得分
1	轴颈圆度、圆柱度误差不大于 0.02mm，表面粗糙度 R_a 不大于 0.63μm	40		有一项不合格扣 20 分	
2	研磨方法正确	30		视操作情况给分	
3	正确选用研磨剂	10		选用不正确扣 10 分	
4	安全文明生产	20		违章扣分	
日期		班级		姓名	指导教师

三、车轮制动蹄的铆接

1. 实习要求

掌握制动蹄摩擦片铆接操作方法。

2. 工具和量具

台虎钳、手锤、钻头、埋头钻。

3. 操作方法和步骤

(1) 拆除旧片。从制动蹄反面用钻头钻掉旧铆钉,或用錾子錾掉铆钉头,再用比铆钉直径小的冲子冲出旧铆钉。

(2) 将制动蹄上的污物和铁锈清除干净,然后检查铆钉孔是否有裂纹和失圆现象。若铆钉孔成椭圆形,可将铆钉孔加大,配换加大尺寸的铆钉,或将铆钉孔焊堵重钻标准孔。

(3) 选配新摩擦片及铆钉,新片规格应按原车规定,铆钉的粗细应和铆钉孔直径相密合,应是铜或铝质的铆钉。

(4) 在新摩擦片上钻孔。

① 摩擦片贴在制动蹄上,用特制的钢条夹子夹住摩擦片,如图12-3所示。

② 从制动蹄反面钻出插钉孔。

③ 从制动蹄下面按铆钉头直径锪孔,锪孔深度是新片厚度的1/2~2/3。

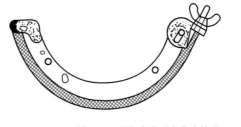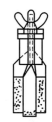

图12-3 用钢条夹子夹住摩擦片

(5) 铆合。用与铆钉头相同直径的圆形钢棍夹在虎钳上,将制动蹄片正面铆钉头顶紧圆形钢棍,从制动蹄反面由中间向两头铆紧。

(6) 修整。用木锤将制动蹄摩擦片两端锉成斜角,再修整蹄片与制动鼓的接触面。修整时,可在制动鼓上涂上一层白粉,把制动蹄片贴于制动鼓内转动。如发现局部接触,则应用木锉对蹄片上沾有白粉的部位进行锉削修整,直至接触面占摩擦片的2/3以上为止。

4. 注意事项

(1) 摩擦片与制动蹄的接合面应密合,不允许有超过0.125mm的间隙。

(2) 铆好的铆钉应牢固。

(3) 铆钉头应低于摩擦片表面1.2~1.5mm。

5. 操作实习记录及成绩评定(表12-3)

制动蹄摩擦片铆接操作记录及评分　　　　　表12-3

序号	项目要求	配分	实测记录	评分标准	得 分
1	摩擦片与钢片边缘修正	15		视圆正程度给分	
2	摩擦片与钢片密合	25		有松动扣20分	
3	铆钉头与摩擦片表面距离正确	25		铆钉露头扣20分	
4	铆钉头排列正确	10		视排列情况给分	
5	铆钉铆合平整	25		视平整度给分	
6	安全文明生产			违章扣分	
日期		班级	姓名	指导教师	

课题十三
电 弧 焊

> **教学要求**
> 1. 熟悉焊接的基本知识；
> 2. 了解焊条电弧焊和 CO_2 气保焊的设备和工艺；
> 3. 熟悉相关焊接规范的选择。

　　焊接是金属连接的一种方法，它是通过加热或加压或两者并用，并且用或不用填充金属，使焊件间达到原子结合的一种机械加工方法，如图13-1所示。几乎所有的机电产品，从几十万吨的巨轮到不足1克的微电子元件，在生产中都不同程度地依赖焊接技术。焊接已经渗透到制造业的各个领域，直接影响到产品的质量、可靠性、寿命以及生产的成本、效率和市场反应速度。由于钢材必须经过加工才能成为有特定功能的产品，而焊接结构具有质量轻、成本低、质量稳定、生产周期短、效率高、市场反应速度快等优点，因此，焊接结构的应用日益增多。

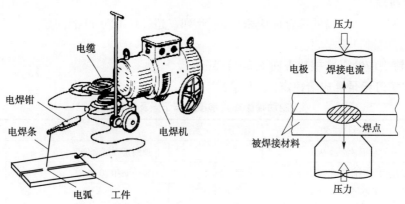

图 13-1　焊接的一般过程

一、焊条电弧焊

　　焊条电弧焊是用手工操纵焊条进行焊接的电弧焊方法。焊接时，在焊条末端和工件之间燃烧的电弧所产生的高温使焊条药皮与焊芯及工件熔化，熔化的焊芯端部迅速地形成细小的金属熔滴，通过弧柱过渡到局部熔化的工件表面，融合在一起形成熔池。药皮熔化过程中产生的气体和熔渣，不仅使熔池和电弧周围的空气隔绝，而且和熔化了的焊芯、母材发生一系列冶金反应,保证所形成焊缝的性能。随着电弧以适当的弧长和速度在工件上不断地前移,熔池液态金属逐步冷却结晶,形成焊缝。焊条电弧焊的过程如图13-2所示。

1. 焊条电弧焊的特点

1)焊条电弧焊的优点

(1)使用的设备比较简单,价格相对便宜并且轻便。焊条电弧焊使用的交流和直流焊机都比较简单,焊接操作时不需要复杂的辅助设备,只需配备简单的辅助工具。因此,购置设备的投资少,而且维护方便,这是它广泛应用的原因之一。

图13-2 焊条电弧焊的过程

(2)不需要辅助气体防护。焊条不但能提供填充金属,而且在焊接过程中能够产生保护熔池和焊接处避免氧化的保护气体,并且具有较强的抗风能力。

(3)操作灵活,适应性强。焊条电弧焊适用于焊接单件或小批量的产品,短的和不规则的、空间任意位置以及其他不易实现机械化焊接的焊缝。凡焊条能够达到的地方都能进行焊接。

(4)应用范围广,适用于大多数工业用的金属和合金的焊接。焊条电弧焊选用合适的焊条不仅可以焊接碳素钢、低合金钢,而且还可以焊接高合金钢及非铁金属,不仅可以焊接同种金属,而且可以焊接异种金属,还可以进行铸铁焊补和各种金属材料的堆焊等。

2)焊条电弧焊的缺点

(1)对焊工操作技术要求高,焊工培训费用大。焊条电弧焊的焊接质量,除靠选用合适的焊条、焊接参数和焊接设备外,主要靠焊工的操作技术和经验保证,即焊条电弧焊的焊接质量在一定程度上决定于焊工操作技术。因此,必须经常进行焊工培训,所需要的培训费用很大。

(2)劳动条件差。焊条电弧焊主要靠焊工的手工操作和眼睛观察完成全过程,焊工的劳动强度大,并且始终处于高温烘烤和有毒的烟尘环境中,劳动条件比较差,因此,要加强劳动保护。

(3)生产效率低。焊条电弧焊主要靠手工操作,并且焊接参数选择范围较小,另外,焊接时要经常更换焊条,并要经常进行焊道熔渣的清理,与半自动和全自动焊相比,焊接生产率低。

(4)不适于特殊金属以及薄板的焊接。对于活泼金属(如Ti、Nb、Zr等)和难熔金属(如Ta、Mo等),由于这些金属对氧的污染非常敏感,焊条的保护作用不足以防止这些金属氧化,保护效果不够好,焊接质量达不到要求,所以不能采用焊条电弧焊。对于低熔点金属如Pb、Sn、Zn及其合金等,由于电弧的温度对其来讲太高,所以也不能采用焊条电弧焊焊接。另外,焊条电弧焊的焊接工件厚度一般在1.5mm以上,1mm以下的薄板不适于焊条电弧焊。

2. 焊条电弧焊设备组成

焊条电弧焊的基本电路是由交流或直流弧焊电源、焊钳、焊接电缆、焊条、电弧、工件及地线等组成,如图13-3所示。

用直流电源焊接时,工件和焊条与电源输出端正、负极的接法,称极性。工件接直流电

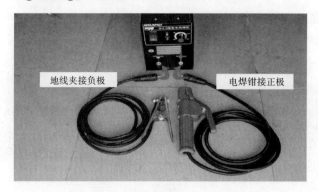

图13-3 焊条电弧焊的基本电路

源正极,焊条接负极时,称正接或正极性;工件接负极,焊条接正极时,称反接或反极性。无论采用正接还是反接,主要从电弧稳定燃烧的条件来考虑。不同类型的焊条要求不同的接法,一般在焊条说明书上都有规定。用交流弧焊电源焊接时,极性在不断变化,所以不用考虑极性接法。

1)弧焊电源

(1)电源种类。焊条电弧焊采用的焊接电流既可以是交流电也可以是直流电,所以焊条电弧焊电源既有交流电源也有直流电源。目前,我国焊条电弧焊用的电源有两大类:交流弧焊变压器和弧焊整流器(包括逆变弧焊电源),前者属于交流电源,后者属于直流电源。常见的交流弧焊变压器有动铁芯式(BX1—200、BX1—315、BX1—500)、动绕组式(BX3—315、BX3—500)和抽头式(BX6—120)等类型,如图13-4所示,常见的直流弧焊电源有晶闸管式弧焊整流器(ZX5系列等)和弧焊逆变器(ZX7系列)等,如图13-5所示。

图13-4 各类交流电弧焊机

a)晶闸管式弧焊整流器　　b)弧焊逆变器

图13-5 常见的直流弧焊电源

弧焊逆变器用以将电网的交流电变成适宜于弧焊的交流电。与直流电源相比,具有结构简单、制造方便、使用可靠、维修容易、效率高和成本低等优点,在目前国内焊接生产应用中仍占很大的比例。逆变、晶闸管弧焊整流电源引弧容易、性能柔和、电弧稳定、飞溅少,是理想的更新换代产品。

(2)电源的选择。焊条电弧焊要求电源具有陡降的外特性、良好的动特性和合适的电流调节范围。选择焊条电弧焊电源应主要考虑以下因素。

①所要求的焊接电流的种类;
②所要求的电流范围;
③弧焊电源的功率;
④工作条件和节能要求等。

焊接电源的种类有交流、直流或交直流两用,主要是根据所使用的焊条类型和所要焊接的焊缝形式进行选择。低氢钠型焊条必须选用直流弧焊电源,以保证电弧稳定燃烧。酸性焊条虽然交、直流均可使用,但一般选用结构简单且价格较低的交流弧焊电源。

在一般生产条件下,尽量采用单站弧焊电源,在大型焊接车间,可以采用多站弧焊电源,但直流弧焊电源需用电阻箱分流而耗电较大,应尽可能少用。弧焊电源用电量较大,应尽可能选用高效节能的电源,如逆变弧焊电源,其次是弧焊整流器、变压器,尽量不用弧焊发电机。

2)常用工具和辅具

焊条电弧焊常用工具和辅具有焊钳、焊接电缆、面罩、防护服、敲渣锤、钢丝刷和焊条保温筒等。

(1)焊钳。焊钳是用以夹持焊条进行焊接的工具。主要作用是使焊工能夹住和控制焊条,同时也起着从焊接电缆向焊条传导焊接电流的作用。焊钳应具有良好的导电性、不易发热、质量轻、夹持焊条牢固及装换焊条方便等特性,如图13-6所示。

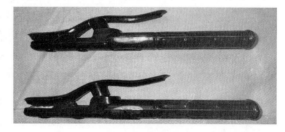

图13-6 焊钳

(2)接地夹钳。接地夹钳是将焊接导线或接地电缆接到工件上的一种器具。接地夹钳必须能形成牢固的连接,又能快速且容易地夹到工件上。对于低负载率来说,弹簧夹钳比较合适。使用大电流时,需要螺纹夹钳,以使夹钳不过热并形成良好的连接。

(3)焊接电缆。利用焊接电缆将焊钳和接地夹钳接到电源上。焊接电缆是焊接回路的一部分,除要求应具有足够的导电截面以免过热而引起导线绝缘破坏外,还必须耐磨和耐擦伤,应柔软易弯曲,具有较大的挠度,以便焊工容易操作,减轻劳动强度。焊接电缆应采用多股细铜线电缆,一般可选用电焊机用YHH型橡套电缆或YHHR型橡套电缆。

(4)面罩及护目玻璃。面罩及护目玻璃是为防止焊接时的飞溅物、强烈弧光及其他辐射对焊工面部及颈部灼伤的一种遮蔽工具,有手持式和头盔式两种。护目玻璃安装在面罩正面,用来减弱弧光强度,吸收由电弧发射的红外线、紫外线和大多数可见光线。焊接时,焊工通过护目玻璃观察熔池情况,正确掌握和控制焊接过程,避免眼睛受弧光灼伤。

(5)其他辅具。焊接中的清理工作很重要,必须清除掉工件和前层熔敷的焊缝金属表面上的油垢、熔渣和对焊接有害的任何其他杂质。为此,焊工应备有角向磨光机、钢丝刷、清渣锤、扁铲和锉刀等辅具。另外,在排烟情况不好的场所焊接作业时,应配有电焊烟雾吸尘器或排风扇等辅助器具。

3. 焊条电弧焊设备操作规程

焊条电弧焊设备安全操作如图 13-7 所示，常规电弧焊设备安全操作规程的基础，涉及用电、设备、防火、防爆、防有害气体和粉尘、防弧光辐射等种种安全要求，这些基础安全要求在其他弧焊和切割作业中，也必须遵守。焊条电弧焊设备安全操作分为焊前、焊接过程中及焊后三个方面。

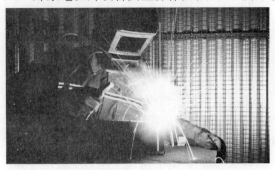

图 13-7　焊条电弧焊操作示意图

1）焊前准备要求

（1）必须穿戴好符合焊接作业要求的防护用品。

（2）在距工作场所 10m 以内清除一切易燃、易爆物品，人员密集场所应设置遮光板。

（3）应检查焊机接线的正确性和接地的可靠性。接地电阻应小于 4Ω，固定螺栓大于等于 M8。

（4）禁止焊接密封容器、带压容器和带电（指非焊接用电）设备。

（5）焊机应有容量符合要求的专用独立电源开关，超载时能自动切断电源。

（6）电源控制装置应置于焊机附近便于人手操作处，周围应有安全通道。

（7）焊机的电源线长度为 2～3m，需接长电源线时，应符合与周边物体绝缘要求，且必须离地 2.5m 以上。

（8）焊机二次线必须使用专用焊接电缆，严禁以其他金属物代替，禁止以建筑物上的金属构架和设备作为焊接电源回路。

（9）露天作业时，焊机应有遮阳和防雨、雪安全措施。

2）焊接过程中要求

（1）切断和闭合焊机电源时，要戴电焊手套侧身、侧脸操作；室内作业时，应有通风、除尘装置，狭小场所作业应有安全措施保证。

（2）焊钳不得乱放，禁止将热焊钳浸水冷却。

（3）焊接电缆外皮必须绝缘良好，绝缘电阻不小于 1MΩ。

（4）焊接电缆需接长时，应使用专用连接器，保证绝缘良好，且接头数不宜超过两个。

（5）应按额定电流和额定负载持续率使用焊机，严禁超载。

（6）焊机发生故障时应立即切断电源，由专职电工检修，焊工不得擅自处理。改换焊机接头、焊机移动及检修时，均须在切断电源后进行。

（7）在容器或管道内焊接时，应设专人在外监护。

（8）距高压线 3m 或低压线 1.5m 范围内作业时，输电线必须暂停供电，并在配电箱箱盖上悬挂"有人作业，严禁合闸"标志，方可开始工作。

（9）焊接作业过程中，焊工因出汗衣服潮湿时，不宜倚扶或坐在带电焊件上休息。

3）焊接作业结束后要求

（1）立即切断电源，整理好电缆线，做好设备及场地的文明生产工作。

（2）清除火种及消除其他事故隐患，确保安全后方可离场。

4. 电焊条

1）焊条的组成

焊条是由焊芯和药皮两部分组成的。焊条端部有一段没有药皮的夹持端,被焊钳夹住后可以导电,焊条末端的药皮磨成倒角,便于焊接时引弧。

（1）焊芯。焊接时焊芯有两个功用:一是传导焊接电流,产生电弧;二是焊芯本身熔化作为填充金属,与熔化的基本金属熔合形成焊缝。焊芯作为填充金属约占整个焊缝的2/3,焊芯的成分直接决定了焊缝的成分与性能。

焊条直径是指焊芯的直径,常用焊条直径有2.5mm、3.2mm、4.0mm、5.0mm几种。焊条长度一般在250～450mm之间。

（2）药皮。药皮在焊接过程中可以起到稳定电弧、减少飞溅、保护熔化金属、去除有害杂质和添加有益合金元素等作用。药皮以多种矿石、铁合金、化工产品等为原料,粉碎成粉末并按一定配方混合成涂料,压涂在焊芯上。

2）焊条的分类和型号

（1）焊条的分类。

①按焊条的用途分类。根据国家标准,焊条可分为:碳钢焊条、低合金钢焊条、不锈钢焊条、堆焊焊条、铸铁焊条、铜及铜合金焊条、铝及铝合金焊条、镍及镍合金焊条等。如表13-1所示。

焊 条 分 类　　　　表13-1

类　型	代　号	类　型	代　号
碳钢焊条	E	堆焊焊条	ED
低合金钢焊条	E	铜及铜合金焊条	TCu
不锈钢焊条	E	铸铁焊条	EZ
铝及铝合金焊条	TAl	镍及镍合金焊条	ENi

②根据药皮熔化后的熔渣特性,可将焊条分成酸性焊条和碱性焊条两类。这两类焊条的工艺性能、操作注意事项和焊缝质量有较大的差异,因此,必须熟悉它们的特点。

酸性焊条:酸性焊条熔渣的主要成分是酸性氧化物。酸性焊条突出的优点是:价格较低、焊接工艺性好、容易引弧、电弧稳定、飞溅小、对弧长不敏感、对油锈不敏感、焊前准备要求低、焊缝成形好等。但这类焊条熔渣氧化性比较强,容易使合金元素氧化,不能有效地清除熔池中的硫、磷等杂质,焊缝金属产生偏折的可能性较大,出现热裂纹的倾向较高,焊缝金属的冲击韧度较低。因此,广泛用于一般的焊接结构。这类焊条的典型型号有E4303、E5003。它可用于交、直流焊接电源。

碱性焊条:碱性焊条熔渣的主要成分是碱性氧化物和铁合金。焊缝金属中合金元素较多,硫、磷等杂质较少,因此,焊缝的力学性能,特别是冲击韧度较好,故这类焊条主要用于焊接重要的焊接结构。碱性焊条突出的缺点是:价格稍贵、焊接工艺性较差、引弧困难、电弧稳定性差、飞溅大、必须采用短弧焊、焊缝外形稍差、鱼鳞纹较粗等。此外这类焊条对油、水、铁锈等很敏感。如果焊前焊接区没有清理干净,或焊条未完全烘干,在焊接时就会产生气孔。这类焊条的典型型号有E4315、E5015。碱性焊条不加稳弧剂时只能采用直流电源焊接。

（2）焊条型号的表示方法。

碳钢焊条型号以国家标准《非合金钢及细晶粒钢焊条》(GB/T 5117—2012)为依据,根据熔敷金属的力学性能、药皮类型、焊接位置、电流类型、熔敷金属化学成分和焊后状态等进行划分。具体表示方法如下。

①用字母"E"表示焊条。

②用字母"E"后面紧邻两位数字表示熔敷金属抗拉强度最小值的1/10,单位为MPa;

③用字母"E"后面的第三和第四两位数字,表示药皮类型、焊接位置和电流类型。

④第四部分为熔敷金属的化学成分分类代码,可为"无标记"或短划"-"后的字母、数字或字母和数字的组合。

⑤第五部分熔敷金属的化学成分代号之后的焊后状态代号。

例如:E5515 - N5PUH10

其中:E——表示焊条;

　　　55——表示熔敷金属抗拉强度的最小值为550MPa;

　　　15——表示药皮类型为碱性,适用于全位置焊接,采用直流反接;

　　　N5——表示熔敷金属化学成分分类代码;

　　　P——表示焊后状态代号,此处表示热处理状态;

　　　U——可选附加代号,表示在规定温度下,冲击吸收能量47J以上;

　　　H10——可选附加代号,表示熔敷金属扩散氢含量不大于10mL/100g。

3) 焊条的选择和使用

焊条选择是否恰当对焊接质量、产品成本和劳动生产率都有很大影响。焊条选择应根据被焊结构的材料和使用性能、工作条件、结构特点和工厂的具体情况等综合考虑。在选用焊条时应注意下列原则。

(1) 考虑焊件的力学性能和化学成分。低碳钢、中碳钢和低合金钢可按其强度等级来选用相应强度的焊条,唯在焊接结构刚性大,受力情况复杂时,应选用比钢材强度低一级的焊条。这样,焊后可保证焊缝既有一定的强度,又能得到满意的塑性以避免因结构刚性过大而使焊缝撕裂。但遇到焊后要进行回火处理的焊件,则应防止焊缝强度过低和焊缝中应有的合金元素含量达不到要求。在焊条的强度确定后再决定选用酸性焊条还是碱性焊条,这主要取决于焊接结构具体形状的复杂性,钢材厚度的大小,焊件载荷情况(静载还是动载)和钢材的抗裂性以及得到直流电源的难易等。一般来说,对于塑性、冲击韧性和抗裂性能要求较高和在低温条件下工作的焊缝都应选用碱性焊条。当受某种条件限制而无法清理低碳钢焊件坡口处的铁锈、油污和氧化皮等脏物时,应选用对铁锈、油污和氧化皮敏感性小,抗气孔性能较强的酸性焊条。异种钢的焊接如低碳钢和低合金钢、不同强度等级的低合金钢的焊接,一般选用与较低强度等级钢材相匹配的焊条。

(2) 考虑焊件的工作条件及使用性能。对于工作环境有特定要求的焊件,应选用相应的焊条,如低温钢焊条、水下焊条等。珠光体耐热钢一般选用与钢材化学成分相似的焊条,或根据焊件的工作温度来选取。

(3) 考虑简化工艺、提高生产率、降低成本。薄板焊接宜采用E4303焊条,焊件不易烧穿且引弧容易。在满足焊件使用性能和焊条操作性能的前提下,应选用规格大、效率高的焊条;在使用性能基本相同时,应尽量选择价格较低的焊条,降低焊接生产的成本。

焊条除根据上述原则选用外,有时为了保证焊件的质量,还需通过试验来最后确定。又为了保障焊工的身体健康,在允许的情况下应尽量多采用酸性焊条。

5. 焊条电弧焊的工艺

焊条电弧焊焊接参数包括:焊条种类、牌号和直径,焊接电流的种类、极性和大小,电弧电压,焊道层次等。选择合适的焊接参数,对提高焊接质量和生产效率十分重要。

1)焊条种类和牌号的选择

主要根据母材的性能、接头的刚性和工作条件来选择焊条。焊接一般的碳钢和低合金钢结构时,主要是按等强度原则选择焊条的强度级别,一般选用酸性焊条,重要结构选用碱性焊条。

2)焊接电源种类和极性的选择

通常根据焊条的类型选择焊接电源的种类,除低氢型焊条必须采用直流反接外,所有酸性焊条通常采用交流或直流电源均可以进行焊接。当选用直流电源时,焊厚板宜采用直流正接(即工件接正),焊薄板时,宜采用直流反接(即工件接负)。

3)焊条直径的选择

为提高生产效率,尽可能地选用直径较大的焊条,但用直径过大的焊条焊接,容易造成未焊透或焊缝成形不良等缺陷。选用焊条直径应考虑焊件的位置及厚度,平焊位置或厚度较大的焊件,应选用直径较大的焊条,较薄焊件应选用直径较小的焊条。另外,焊接同样厚度的 T 形接头时,选用的焊条直径应比对接接头的焊条直径大。

4)焊接电流的选择

焊接电流是焊条电弧焊最重要的焊接参数。焊接电流越大,熔深越大(焊缝宽度和余高变化均不大),焊条熔化快,焊接效率高。但焊接电流太大时,飞溅和烟尘大,药皮易发红和脱落,而且容易产生咬边、焊瘤、烧穿等缺陷;若焊接电流太小,则引弧困难,焊条容易粘连在焊件上,电弧不稳,熔池温度低,焊缝窄而高,熔合不好,且易产生夹渣、未焊透等缺陷。

选择焊接电流时,主要考虑的因素如下。

(1)焊条直径。焊条直径越粗,焊接电流越大,每种直径的焊条都有一个最合适的电流范围,可以根据选定的焊条直径用下式经验公式计算焊接电流。

$$I = (35 \sim 55)d$$

式中:I——焊接电流,单位为 A;

d——焊条直径,单位为 mm。

(2)焊接位置。在平焊位置焊接时,可选择偏大些的焊接电流。横、立、仰焊位置焊接时,焊接电流应比平焊位置小 10% ~ 20%。

(3)焊道层次。通常焊接打底焊道时,特别是焊接单面焊双面成形的焊道时,使用较小的焊接电流才便于操作和保证背面焊道的质量;焊填充焊道时,为提高效率,保证熔合好,通常都使用较大的焊接电流;而焊盖面焊道时,为防止咬边和获得较美观的焊道,使用的电流应稍小些。

5)电弧电压

电弧电压主要影响焊缝的宽窄,电弧电压越高,焊缝越宽。但是在采用焊条电弧焊时,焊缝的宽度主要靠焊条的横向摆动幅度来控制,因此,电弧电压的影响不明显。

当焊接电流调好后,电焊机的外特性曲线就确定了。实际上电弧电压由弧长决定。

电弧越长,电弧电压越高,电弧越短,电弧电压越低。但电弧太长时,电弧燃烧不稳,飞溅大,容易产生咬边、气孔等缺陷;若电弧太短,容易粘焊条。通常,电弧长度等于焊条直径的 0.5~1 倍,相应的电弧电压为 16~25V。碱性焊条的电弧长度应为焊条直径的一半;酸性焊条的电弧长度应等于焊条直径。

6) 焊接速度

焊接速度就是单位时间内完成的焊缝长度。焊条电弧焊在保证焊缝具有所要求的尺寸和外形且熔合良好的原则下,焊接速度由焊工根据具体情况灵活掌握。重要结构的焊接常常要规定每根焊条的最小焊接长度。

7) 焊接层数的选择

在厚板焊接时,必须采用多层焊或多道焊。多层焊的前一条焊道对后一条焊道起预热作用,而后一条焊道对前一条焊道起热处理作用(退火和正火),有利于提高焊缝金属的塑性和韧性。每层焊道厚度不能大于 4~5mm。

6. 焊条电弧焊的操作技能

1) 引弧

(1) 直击法。它是使焊条与焊件表面垂直地接触,当焊条的末端与焊件表面轻轻一碰,便迅速提起焊条,并保持一定距离,立即引燃了电弧,如图 13-8 所示,操作时必须掌握好手腕的上下动作时间和距离。

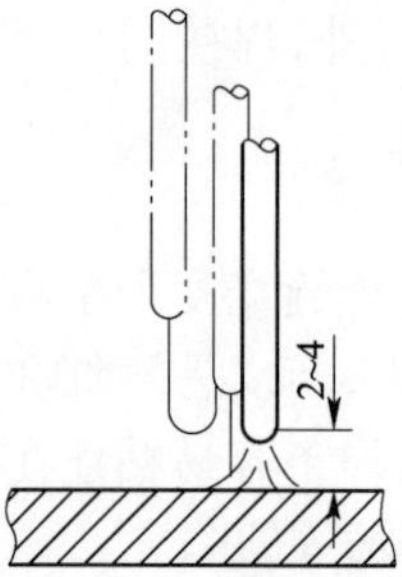

(2) 划擦法。这种方法与擦火柴有些类似,先将焊条末端对准焊件,然后将焊条在焊件表面划擦一下,当电弧引燃后瞬间,立即将焊条末端与被焊焊件表面距离拉开 2~4mm,电弧就能稳定地燃烧,如图 13-9 所示。操作时手腕顺时针方向旋转,使焊条端头与焊件接触后再离开。

以上两种引弧方法相比,划擦法比较容易掌握,但在狭小工作面上或不允许烧伤焊件表面时,应采用直击法。直击法对初学者较难掌握,一般容易发生电弧熄灭或造成电弧短路现象,这是没有掌握好离开焊件时的速度和保持一定距离的原因。如果操作时焊条上拉太快或提得太高,都不能引燃电弧或电弧只燃烧一瞬间就熄灭。相反,动作太慢则可能使焊条与焊件粘在一起,造成焊接回路短路。

图 13-8 直击法引弧

引弧时,如果发生焊条和焊件粘在一起,只要将焊条左右摇动几下,就可以脱离焊件,如果这时还不能脱离焊件,就应立即将焊钳松开,使焊接回路断开,待焊件稍冷后再拆下。如果焊条粘在焊件上的时间太长,则因过大的短路电流可能使焊机烧坏,所以,引弧时手腕动作必须灵活和准确,而且要选择好引弧起始点的位置。

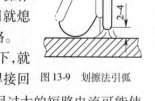

图 13-9 划擦法引弧

2) 运条

焊接过程中,焊条相对焊缝所做的各种动作的总称为运条。正确运条是保证焊缝质量的基本要素之一,因此,每个操作者都必须掌握好运条这项基本功。运条包括沿焊条轴线的送进、沿焊缝轴线方向纵向移动和横向摆动三个动作的组合,如图 13-10 所示。

(1) 运条的基本动作。

① 焊条沿轴线向熔池方向送进。焊条熔化后,能继续保持电弧的长度保持不变,因此,

要求焊条向熔池方向送进的速度与焊条熔化的速度相等。如果焊条送进的速度小于焊条熔化的速度,则电弧的长度将逐渐增加,导致断弧;如果焊条送进速度大于焊条熔化速度,则电弧长度迅速缩短,使焊条末端与焊件接触发生短路,同样会使电弧熄灭。

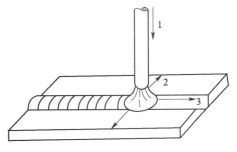

图 13-10　运条的基本动作

②焊条沿焊接方向的纵向移动。此动作使焊条熔敷金属与熔化的母材金属形成焊缝。焊条移动速度对焊缝质量、焊接生产率有很大的影响。如果焊条移动速度太快,则电弧来不及熔化足够的焊条与母材金属,产生未焊透或焊缝较窄;若焊条移动速度太慢,将造成焊缝过高、过宽、外形不整齐。在较薄的焊件上焊接时容易焊穿。移动速度必须适当才能使焊缝均匀。

③焊条的横向摆动。横向摆动的作用是为获得一定宽度的焊缝,并保证焊缝两侧熔合良好。其摆动的幅度应根据焊缝的宽度与焊条直径决定。横向摆动力求一致,才能获得宽度整齐的焊缝。正常的焊缝宽度一般不超过焊条直径的 2~5 倍。

(2)运条方法。

运条的方法很多,选用时应根据接头的形式、装配间隙、焊缝的空间位置、焊条直径与性能、焊接电流及焊工技术水平等方面而定。常用运条方法及适用范围见表 13-2。

常用运条方法及适用范围　　表 13-2

运条方法		运条示意图	适用范围
直线形运条法			(1)3~5mm 厚度 I 形坡口对接平焊; (2)多层焊的第一层焊道; (3)多层多焊道
直线往返形运条法			(1)薄板焊; (2)角接平焊(间隙较大)
锯齿形运条法			(1)对接接头(平焊、立焊、仰焊); (2)解接接头(立焊)
月牙形运条法			同锯齿形运条法
三角形运条法	斜三角形		(1)角接接头(仰焊); (2)对接接头(开 V 形坡口横焊)
	正三角形		(1)角接接头(立焊); (2)对接接头
圆圈形运条法	斜圆圈形		(1)角接接头(平焊、仰焊); (2)对接接头(横焊)
	正圆圈形		对接接头(厚焊件平焊)
八字形运条法			对接接头(厚焊件平焊)

3)焊缝的起头

焊缝的起头是指开始焊接处的焊缝。这部分焊缝很容易增高,这是由于开始焊接时焊件温度低,引弧后不能迅速使这部分焊件金属的温度升高,因此,熔深较浅,余高较大。为减少或避免这种情况,可在引燃电弧后先将电弧稍微拉长些,对焊件进行必要的预热,然后适当降低电弧长度转入正常焊接。

4)焊缝的收尾

焊缝的收尾是指一条焊缝焊完后如何收弧。焊接结束时,如果将电弧突然熄灭,则焊缝表面留有凹陷较深的弧坑会降低焊缝收尾处的强度,并容易引起弧坑裂纹。过快拉断电弧,液体金属中的气体来不及逸出,还容易产生气孔等缺陷。为克服弧坑缺陷,采用下述方法收尾。

(1)反复收尾法。焊条移到焊缝终点时,在弧坑处反复熄弧、引弧数次,直到填满弧坑为止,此方法适用于薄板和大电流焊接时的收尾,不适用于碱性焊条。

(2)划圈收尾法。焊条移到焊缝终点时,在弧坑处做圆圈运动,直到填满弧坑再拉断电弧,此方法适用于厚板。

(3)转移收尾法。焊条移到焊缝终点时,在弧坑处稍作停留,将电弧慢慢拉长,引到焊缝边缘的母材坡口内。这时熔池会逐渐缩小,凝固后一般不出现缺陷。适用于换焊条或临时停弧时的收尾。

5)焊缝的连接

焊条电弧焊时,对于一条较长的焊缝,一般都需要多根焊条才能焊完,每根焊条焊完后换焊条时,焊缝就有一个衔接点。焊缝连接处如果操作不当,极易造成气孔、夹渣以及外形不良等缺陷。后焊焊缝与先焊焊缝的连接处称为焊缝的接头,接头处的焊缝应当力求均匀,防止产生过高、脱节、宽窄不一致等缺陷。焊缝的连接有四种形式,如图13-11所示。

(1)中间接头。后焊的焊缝从先焊的焊缝尾部开始焊接,如图13-11a)所示。要求在弧坑前约10mm附近引弧,电弧长度比正常焊接时略长些,然后回移到弧坑,压低电弧,稍作摆动,再向前正常焊接。这种接头的方法是使用最多的一种,适用于单层焊及多层焊的表层接头。

(2)相背接头。两焊缝起头处相接,如图13-11b)所示。要求先焊焊缝起头处略低些,后焊焊缝必须在前条焊缝始端稍前处引弧,然后稍拉长电弧将电弧逐渐引向前条焊缝的始端,并覆盖前条焊缝的端头,待焊平后,再向焊接方向移动。

(3)相向接头。是两条焊缝的收尾相接,如图13-11c)所示。当后焊的焊缝焊到先焊的焊缝收弧处时,焊接速度应稍慢些,填满先焊焊缝的弧坑处后,以较快的速度再向前焊一段,然后熄弧。

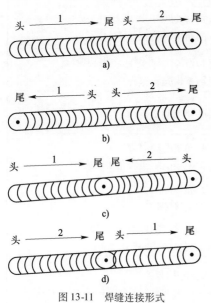

图13-11 焊缝连接形式
a)中间接头;b)相背接头;c)相向接头;d)分段退焊

(4)分段退焊接头。是先焊焊缝的起头和后焊焊缝的收尾相接,如图 13-11d)所示。要求后焊的焊缝焊至靠近前条焊缝始端时,改变焊条角度,使焊条指向前条焊缝的始端,拉长电弧,待形成熔池后,再压低电弧,往回移动,最后返回原来熔池处收弧。

接头连接得平整与否,和焊工操作技术有关,同时还和接头处的温度高低有关。温度越高,接头处越平整。因此,中间接头要求电弧中断的时间要短,换焊条动作要快。多层焊时,层间接头处要错开,以提高焊缝的致密性。除中间焊缝接头焊接时可不清理焊渣外,其余接头处必须先将接头处的焊渣打掉,否则接不好头,必要时可将接头处先打磨成斜面后再接头。

二、CO_2 气体保护焊

CO_2 气体保护电弧焊是利用 CO_2 作为保护气体的熔化极电弧焊方法。这种方法以 CO_2 气体作为保护介质,使电弧及熔池与周围空气隔离,防止空气中氧、氮、氢对熔滴和熔池金属的有害作用,从而获得优良的保护性能。生产中一般是利用专用的焊枪,形成足够的 CO_2 气体保护层,依靠焊丝与焊件之间的电弧热,进行自动或半自动熔化极气体保护焊接。

按使用焊丝直径的不同,CO_2 气体保护焊可分为细丝 CO_2 焊(焊丝直径 ≤1.6mm)和粗丝 CO_2 焊(焊丝直径 >1.6mm)。按操作的方式分类,又可分为半自动 CO_2 气体保护焊和自动 CO_2 气体保护焊。

1. CO_2 气保焊的特点

1)CO_2 气体保护焊的优点

(1)焊接生产率高。CO_2 气体保护焊的电流密度大,可达 100~300A/mm^2,因此,电弧热量集中,焊丝的熔化效率高,母材的熔透厚度大,焊接速度快,同时焊后不需要清渣,所以能够显著提高效率,其生产效率可比普通的焊条电弧焊高 2~4 倍。

(2)焊接成本低。由于 CO_2 气体和焊丝的价格低廉,对于焊前的生产准备要求不高,焊后清理和校正工时少,而且电能消耗也少,故使焊接成本降低。通常 CO_2 气体保护焊的成本只有埋弧焊或焊条电弧焊的 40%~50%。

(3)焊接变形小。由于电弧加热集中,焊件受热面积小,同时 CO_2 气流有较强的冷却作用,所以焊接变形小,特别是焊接薄板时,变形很小。

(4)焊接质量较高。对油污、铁锈敏感性小,焊缝含氢量少,提高了焊接低合金高强钢抗冷裂纹的能力。

(5)适用范围广。熔滴采用短路过渡时可用于立焊、仰焊和全位置焊接,并且对于薄板、中厚板甚至厚板都能焊接。

(6)操作简便。焊后不需清渣,且是明弧,便于监控,有利于实现机械化和自动化焊接。

(7)电弧可见性好。有利于观察,焊丝能准确对准焊接线,尤其是在半自动焊时可以较容易地实现短焊缝和曲线焊缝的焊接。

2)CO_2 气体保护焊的缺点

(1)飞溅率较大,并且焊缝表面成形较差。金属飞溅是 CO_2 气体保护焊中较为突出的问题,这是主要缺点。

(2)很难用交流电源进行焊接,焊接设备比较复杂,易出现故障,要求具有较高的设备维护的技术能力。

(3) 抗风能力差,给室外作业带来一定困难。

(4) 不能焊接容易氧化的非铁金属。

(5) 弧光较强,必须注意劳动保护。

CO_2气体保护焊的缺点可以通过提高技术水平和改进焊接材料、焊接设备加以解决,而其优点却是其他焊接方法所不能比的。因此,可以认为CO_2气体保护焊是一种高效率、低成本的节能焊接方法。

CO_2气体保护焊主要用于焊接低碳钢及低合金钢等黑色金属。对于不锈钢,由于焊缝金属有增碳现象,影响抗晶间腐蚀性能,所以只能用于对焊缝性能要求不高的不锈钢焊件。此外,CO_2气体保护焊还可用于耐磨零件的堆焊、铸钢件的焊补以及电铆焊等方面。

2. CO_2气体保护焊设备

CO_2气体保护焊所用的设备有半自动CO_2气体保护焊设备和自动CO_2气体保护焊设备两类。在实际生产中,半自动CO_2气体保护焊设备使用较多,下面将重点介绍半自动CO_2气体保护焊设备。

一台完整的半自动CO_2气体保护焊设备由焊接电源、送丝机构、焊枪、供气系统、冷却水循环装置及控制系统等几部分组成,如图13-12所示。而自动CO_2气体保护焊设备除上述几部分外还有焊车行走机构。

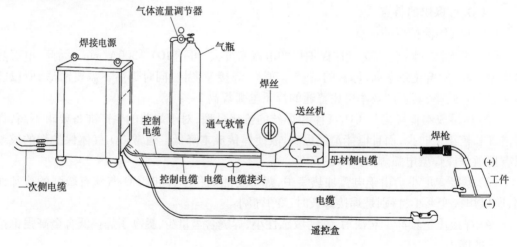

图13-12 半自动CO_2气体保护焊设备

1) 焊接电源

CO_2气体保护焊一般采用直流电源且反极性连接。电源是供给电弧能量的设备,应能保证焊接电弧稳定燃烧。在焊接过程中,焊接工艺参数稳定不变,且焊前能在一定范围内调节。除上述工艺方面要求外,还希望焊接电源结构简单、成本低廉、使用可靠、维修方便等。

2) 送丝系统

根据使用焊丝直径的不同,送丝系统可分为等速送丝式和变速送丝式,通常焊丝直径大于和等于3mm时采用变速送丝式,焊丝直径小于和等于2.4mm时采用等速送丝式。下面介绍CO_2气体保护焊时普遍使用的等速送丝系统,其焊接电流是通过送丝速度来调节的,因此,送丝机构质量的好坏,直接关系到焊接过程的稳定性。对等速送丝系统的基本要求是:能稳定、均匀地送进焊丝,调速要方便,结构应牢固轻巧。

(1)送丝方式。半自动 CO_2 气体保护焊机有推丝式、拉丝式、推拉丝式三种基本送丝方式,如图 13-13 所示。

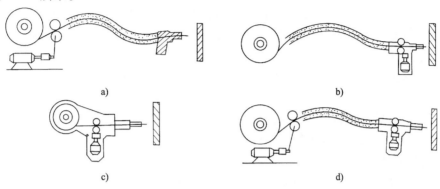

图 13-13 半自动焊机送丝方式

①推丝式。主要用于直径为 0.8~2.0mm 的焊丝,是应用最广的一种送丝方式,如图 13-13a)所示,由直流电动机经蜗轮、蜗杆减速,带动送丝滚轮,焊丝由送丝轮推动,经过送丝软管,直至焊枪的导电杆及导电嘴,最后进入焊接电弧区。通常将送丝电动机和减速装置、送丝滚轮、焊丝盘等都装在一起组成一套单独的送丝机构。这种送丝方式的特点是焊枪结构简单、轻便;操作与维修方便。但焊丝进入焊枪前要经过一段较长的送丝软管,阻力较大。而且随着软管长度加长,送丝稳定性也将变差。所以送丝软管不能太长,一般在 2~5m 左右。

②拉丝式。拉丝式没有送丝软管阻力,细焊丝也能均匀稳定地送进,主要用于直径小于或等于 0.8mm 的细焊丝,因为细焊丝刚性小,难以推丝。它又分为两种形式,一种是焊丝盘和焊枪分开,两者用送丝软管联系起来,如图 13-13b)所示;另一种是将焊丝盘直接装在焊枪上,如图 13-13c)所示。后者由于去掉了送丝软管,增加了送丝稳定性,但焊枪质量增加。

③推拉丝式。此方式把上述两种方式结合起来,克服了使用推丝式焊枪操作范围小的缺点,送丝软管可加长到 15m 左右,扩大了半自动焊的操作范围。如图 13-13d)所示。一般来说,在推拉丝式送丝机构中,推丝电动机是主要的送丝动力,它保证焊丝等速送进,而拉丝机只是将焊丝拉直,以减小推丝阻力。推力和拉力必须很好地配合,通常拉丝速度应稍快于推丝速度。这种方式虽有一些优点,但由于结构复杂,调整麻烦,同时焊枪较重,在国内应用不多。

(2)送丝机构。送丝机构由送丝电动机、减速装置、送丝滚轮和压紧机构等组成。送丝电动机一般采用直流伺服电动机。其优点是动作灵敏,结构轻巧,速度调节方便。选用伺服电动机时,因其转速较低,所以减速装置只需一级蜗轮蜗杆和一级齿轮传动。其传动比应根据电动机的转速、送丝滚轮直径和所要求的送丝速度来确定。送丝速度一般应在 2~16m/min 范围内均匀调节。为保证均匀、可靠的送丝,送丝轮表面应加工出 V 形槽,滚轮的传动形式有单主动轮传动和双主动轮传动。

送丝机构工作前要仔细调节压紧轮的压力,若压紧力过小,滚轮与焊丝间的摩擦力小,如果送丝阻力稍有增大,滚轮与焊丝间便打滑,致使送丝不均匀;如压紧力过大,又会在焊丝表面产生很深压痕或使焊丝变形,使送丝阻力增大,甚至造成导电嘴内壁的磨损。

(3)调速器。用调速器调节送丝速度,一般只要改变直流伺服电动机的电枢电压,即可实现送丝速度的无级调节。

(4)送丝软管。送丝软管是导送焊丝的通道,要求软管内壁光滑、规整及内径大小要均匀合适;焊丝通过的摩擦阻力小;应具有良好的刚性和弹性,能够保证焊丝流畅均匀地送进。

3)焊枪

(1)对焊枪的要求。焊枪的主要作用是导电、送丝和输送保护气体。对焊枪有下列要求:

①送丝均匀、导电可靠和气体保护良好;

②结构简单、经久耐用和维修简便;

③使用性能良好。

(2)焊枪的类型。焊枪能否完成上述功能,取决于其结构设计是否合理。焊枪按用途可分为半自动焊枪和自动焊枪两类。

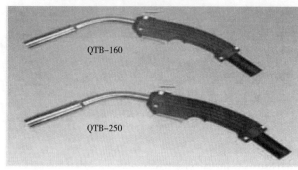

图 13-14 鹅颈式焊枪实物图

①半自动焊枪。一般按焊丝给送的方式不同,半自动焊枪可分为推丝式和拉丝式两种。推丝式焊枪常用的形式有两种:一种是鹅颈式焊枪,如图 13-14 所示;另一种是手枪式焊枪,如图 13-15 所示。这些焊枪的主要特点是结构简单、操作灵活,但焊丝经过软管产生的阻力较大,多用于直径 1mm 以上焊丝的焊接。焊枪的冷却方法一般采用自冷式。

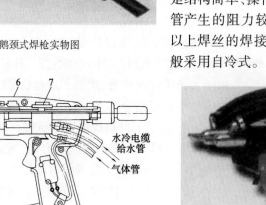

a)   b)

图 13-15 水冷手枪式焊枪

a)水冷手枪式焊枪的构造图;b)水冷手枪式焊枪的实物图

1-焊枪;2-焊嘴;3-喷管;4-水筒装配件;5-冷却水通路;6-焊枪架;7-焊枪主体装配件

②自动焊枪。一般都安装在自动 CO_2 气体保护焊机上(焊车或焊接操作机),不需要手工操作,自动 CO_2 气体保护焊机多用于大电流情况,所以枪体尺寸都比较大,以便提高气体

保护和水冷效果;枪头部分与半自动焊枪类似。

(3)焊枪的喷嘴和导电嘴。喷嘴是焊枪上的重要零件,其作用是向焊接区域输送保护气体,以防止焊丝端头、电弧和熔池与空气接触。喷嘴的形状和尺寸对于保护气流的状态,焊枪的操作性能都有直接的影响。喷嘴形状多为圆柱形,也有圆锥形。喷嘴尺寸也应选择合适,减小喷嘴孔径,气体流量可以减少,但太小时,气体保护范围变小,容易产生气孔。若喷嘴孔径较大,就要加大气体流量,这样又很不经济。喷嘴孔径与焊接电流大小有关,常为12~24mm。焊接电流较小时,喷嘴直径也小;焊接电流较大时,喷嘴直径也大。

导电嘴的材料要求导电性良好、耐磨性好和熔点高,一般选用纯铜或陶瓷材料制作,为增加耐磨性也可选用铬锆铜。对导电嘴的孔径也有严格要求。当孔径太小时,送丝阻力增大,焊丝不能顺利通过直接影响焊接电流的稳定性;当导电嘴孔径太大时,焊丝在导电嘴内接触点不固定,既影响焊接实际伸出长度,又影响焊接电流大小,使焊接过程不稳定。实践证明,导电嘴直径 D 与焊丝直径 d 应为如下关系:

$d \leqslant 1.6$mm 时,$D = d + (0.1 \sim 0.3)$mm;

$d = 2 \sim 3$mm 时,$D = d + (0.4 \sim 0.6)$mm。

喷嘴和导电嘴都是易损件,需要经常更换,所以应便于装拆。并且应结构简单、制造方便和成本低廉。

4)供气系统

供气系统的作用是保证纯度合格的 CO_2 保护气体能以一定的流量均匀地从喷嘴中喷出。它由 CO_2 钢瓶、预热器、干燥器、减压器、流量计及气阀等组成,如图 13-16 所示。

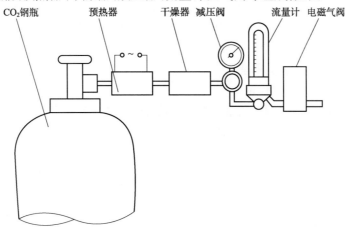

图 13-16 供气系统示意图

(1)CO_2 钢瓶。储存液态 CO_2,钢瓶通常漆成灰色并用黄字写上 CO_2 标志。CO_2 气瓶的容量为 40L,可装 25kg 的液态 CO_2,占容积的 80%,满瓶压力为 5~7MPa。

(2)预热器。当打开气瓶阀门时,CO_2 钢瓶中的液态 CO_2 要挥发成气体,气化过程中将吸收大量的热,再经减压后,气体体积膨胀,也会使气体温度下降。为防止管路冻结,在减压之前要将 CO_2 气体进行预热。这种预热气体的装置称为预热器,显然预热器应尽量装在钢瓶的出气口处。预热器的结构比较简单,一般采用电热式,使用电阻丝加热,电阻丝绕在有螺距的瓷管上,两端固定在外部接线柱上,一般采用 36V 交流供电,功率为 100~150W 左右。

(3)干燥器。为了最大限度减少 CO_2 气体中的水分含量,供气系统中一般设置有干燥器。干燥器内装有干燥剂,如硅胶、脱水硫酸铜和无水氯化钙等。无水氯化钙吸水性较好,但它不能重复使用;硅胶和脱水硫酸铜吸水后颜色发生变化,经过加热烘干后还可以重复使用。在 CO_2 气体纯度较高时,不需要干燥。只有当含水量较高时,才需要加装干燥器。

(4)减压器和流量计。减压器的作用是将高压 CO_2 气体变为低压气体。流量计用于调节并测量 CO_2 气体的流量,如图13-17所示。

图13-17　CO_2 气保焊常用减压表

(5)气阀。它是装在气路上,用来接通或切断保护气体的装置。CO_2 保护气体的通气和断气,可直接采用机械气阀开关来控制。当要求准确控制时,可用电磁气阀由控制系统来完成气体的准确通断。目前,不少生产厂家在手枪形、弯管式焊枪上设置了手动机械球型气阀。这种气阀通断可靠,结构简单,使用方便。自动 CO_2 电弧焊接,通常采用电磁气阀,由控制系统自动完成保护气体的通断。

3. CO_2 气体保护焊机操作规程

(1)操作者必须持电焊操作证上岗。

(2)打开配电箱开关,电源开关置于"开"的位置,供气开关置于"检查"位置。

(3)打开气瓶盖,将流量调节旋钮慢慢向"OPEN"方向旋转,直到流量表上的指示数为所需要值。供气开关置于"焊接"位置。

(4)焊丝在安装中,要确认送丝轮的安装是否与丝径吻合,调整加压螺母,视丝径大小加压。

(5)将收弧转换开关置于"有收弧"处,先后两次将焊枪开关按下、放开进行焊接。

(6)焊枪开关"ON",焊接电弧的产生,焊枪开关"OFF",切换为正常焊接条件的焊接电弧,焊枪开关再次"ON",切换为收弧焊接条件的焊接电弧,焊枪开关再次"OFF",焊接电弧停止。

(7)焊接完毕后,应及时关闭焊接电源,将 CO_2 气源总阀关闭。

(8)收回焊把线,及时清理现场。

(9)定期清理机上的灰尘,用空压机或氧气吹净机芯的积尘物,一般清理时间为一周一次。

4. CO_2 气保焊焊丝

CO_2 气体保护焊焊丝既是填充金属又是电极,所以焊丝既要保证一定的化学成分和力学性能,又要保证具有良好的导电性和工艺性。在实际生产中,CO_2气体保护焊使用的焊丝成分通常应和母材的成分相近,它应具有良好的焊接工艺性能,并能提供良好的接头性能。目前,我国CO_2气体保护焊用的主要焊丝品种是 H08Mn2Si 类型。

CO_2气体保护焊常使用的焊丝直径一般在 0.6～1.6mm 范围内。在焊丝加工过程中进入焊丝表面的拔丝剂、油或其他的杂质可能引起气孔、裂纹等缺陷。因此,焊丝使用前必须经过严格的清理。另外,由于焊丝需要连续而流畅地通过焊枪送进焊接区,所以,焊丝一般是以适当尺寸的焊丝卷或焊丝盘的形式提供的。

5. CO_2气体保护焊工艺参数

影响焊缝成形和工艺性能的参数主要有:焊接电流、电弧电压、焊接速度、焊丝伸出长度、焊丝的倾角、保护气体流量、焊丝直径、焊接位置、电源极性等。

(1)焊接电流和电弧电压。通常根据工件的厚度选择焊丝直径,然后再确定焊接电流和熔滴过渡类型。焊接电流增加,焊缝熔深和余高增加,而熔宽则几乎保持不变,电弧电压增加,焊缝熔宽增加,而熔深和余高略有减小。若其他参数不变,在任何给定的焊丝直径下,增大焊接电流,焊丝熔化速度增加,因此,就需要相应地增加送丝速度。同样的送丝速度,较粗的焊丝需要较大的焊接电流。焊丝的熔化速度是电流密度的函数。同样的电流值,焊丝直径越小,电流密度即越大,焊丝熔化速度就越高。不同材料的焊丝具有不同的熔化速度特性。

(2)焊接速度。焊接速度是焊枪沿焊缝中心线方向的移动速度。当其他条件不变时,熔深随焊速增加而增加,并有一个最大值。当焊速再增大时,熔深和熔宽会减小。焊速减小时,单位长度上填充金属的熔敷量增加,熔池体积增大,由于这时电弧直接接触的只是液态熔池金属,固态母材金属的熔化是靠液态金属的导热作用实现的,故熔深减小,熔宽增加;焊接速度过高,单位长度上电弧传给母材的热量显著降低,母材的熔化速度减慢。焊接速度过高有可能产生咬边。

(3)焊丝伸出长度。焊丝的伸出长度越长,焊丝的电阻热越大,焊丝的熔化速度即越快。焊丝伸出长度一般为焊丝直径 10 倍左右。焊丝伸出长度过长会导致电弧电压下降,熔敷金属过多,焊缝成形不良,熔深减小,电弧不稳定,焊丝伸出长度过短,电弧易烧导电嘴,且金属飞溅易堵塞喷嘴。

(4)保护气体流量。从喷嘴喷出的保护气体为层流时,有较大的有效保护范围和较好的保护作用。因此,为了得到层流的保护气流,加强保护效果,需采用结构设计合理的焊枪和合适的气体流量。气体流量过大或过小皆会造成紊流。在正常焊接情况下,保护气体流量与焊接电流有关,在 200A 以下的薄板焊接时气体流量为 10～15L/min,在 200A 以上的厚板焊接时气体流量为 15～25L/min。

三、焊条电弧焊操作实习

任务　V 形坡口平板对接平焊单面焊双面成形

(一)焊前准备

1.焊件的准备

(1)板料 2 块,材料为 Q235A,尺寸如图 13-18 所示。

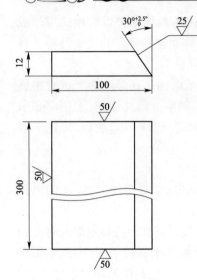

图 13-18 焊件备料图

(2)矫平。

(3)焊前清理坡口及坡口正反两侧各 20mm 范围内的油污、铁锈及氧化物等,直至呈现金属光泽为止。

2. 焊件装配技术要求

(1)平板对接装配时,为了保证焊后没有角变形,因此,平板要预置反变形。

(2)单面焊双面成形。

3. 焊接材料

(1)焊条选用 E4303 或 E5015,直径 3.2mm 和 4.0mm。

(2)E4303 焊条在使用前应在 150~250℃ 烘干,E5015 焊条在使用前应在 300~350℃ 烘干,保温 2h。

4. 焊接设备

交、直流电焊机均可。

(二)装配与定位焊

(1)装配时,始端预留间隙 3~4mm,终焊端预留间隙 4~5mm。预留反变形量为 3°左右,错边量小于 1mm。装配尺寸见表 13-3。

焊件装配尺寸 表 13-3

坡口角度(°)	装配间隙(mm)	钝边(mm)	反变形(°)	错边量(mm)
60±5	始焊端 3.2 终焊端 4.0	0	3~4	≤1

(2)定位焊时使用的焊条与正式焊接时所使用的焊条相同,定位焊的位置在焊件的背面距两端 10mm 处。始焊端定位焊缝的长度为 10mm。终焊端定位焊缝的长度为 15mm,必须焊牢。

(3)焊接参数(表 13-4)。

焊 接 参 数 表 13-4

焊接层次	焊条直径(mm)	焊接电流(A)
打底焊	3.2	80~90
填充焊	4.0	160~175
盖面焊		150~165

(三)焊接操作要点

平焊时,由于焊件处在俯焊位置,与其他焊接位置相比操作较容易。但平焊打底焊时,熔孔不易观察和控制,在电弧吹力和熔化金属的重力作用下,焊道背面易产生超高或焊瘤等缺陷。

(1)焊道分布单面焊四层四道,如图 13-19 所示。

(2)焊接位置平板放在水平面上,间隙小的一端放在左侧。

(3)打底焊 打底焊时焊条与焊件之间的角度如图13-20所示。采用小幅度锯齿形横向摆动,并在坡口两侧稍停留,连续向前焊接,即采用连弧焊法打底。打底焊时要注意以下几点。

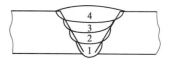

图13-19 焊道分布

①控制引弧位置。打底焊从焊件左端定位焊缝的始焊处开始引弧,电弧引燃后,稍作停顿预热,然后横向摆动向右施焊,待电弧达到定位焊缝右侧前沿时,将焊条下压并稍作停顿,以便形成熔孔。

②控制熔孔的大小。在电弧的高温和吹力的作用下,焊件坡口根部熔化并击穿形成熔孔,如图13-21所示,此时应立即将焊条提起至离开熔池约1.5mm,即可以向左正常施焊。

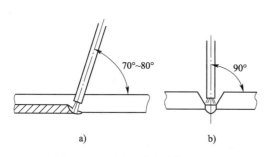

图13-20 平焊打底焊焊条角度示意

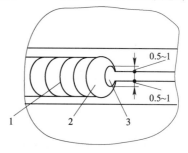

图13-21 对接平焊时的熔孔
1-焊缝;2-熔池;3-熔孔

打底层焊接时为保证得到良好的背面成形和优质焊缝,焊接电弧要控制短些,运条要均匀,前进的速度不宜过快。要注意将焊接电弧的2/3覆盖在熔池上,电弧的1/3保持在熔池前,用来熔化和击穿焊件的坡口根部形成熔孔。施焊过程中要严格控制熔池的形状,尽量保持大小一致,并观察熔池的变化和坡口根部的熔化情况,焊接时若有明显的熔孔出现,则背面可能要烧穿或产生焊瘤。若熔孔太小,焊根熔合不好,背弯时易开裂;若熔孔太大,则背面焊道既高又宽很不好看,而且容易烧穿,通常熔孔直径比间隙大1~2mm为好。焊接过程中若发现熔孔太大,可稍加快焊接速度和摆动频率,减小焊条与焊件间的夹角;若熔孔太小,则可减慢焊接速度和摆动频率,加大焊条与焊件间的夹角。

③控制铁液和熔渣的流动方向。焊接过程中电弧永远要在铁液的前面,利用电弧和药皮熔化时产生的气体的定向吹力,将铁液吹向熔池的后方,这样既能保证熔深,又能保证熔渣与铁液分离,减少夹渣和气孔产生的可能性。焊接时要注意观察熔池的情况,熔池前方稍下凹,铁液比较平静,有颜色较深的线条从熔池中浮出,并逐渐向熔池后上部集中,这就是熔渣,如果深池超前,即电弧在熔池的后方时,很容易产生夹渣。

④控制坡口两侧的熔合情况。焊接过程中随时要观察坡口面的熔合情况,必须清楚地看见坡口面熔化并与焊条熔敷金属混合形成熔池,熔池边缘要与两侧坡口面熔合在一起才行,最好在熔池前方有一个小坑,但随时能被铁液填满,否则,熔合不好,背弯时易产生裂纹。

⑤焊缝接头。打底焊道无法避免焊接接头,当焊条即将焊完,更换焊条时,将焊条向焊接反方向拉回约10~15mm,并迅速提起焊条,使电弧逐渐拉长且熄弧。这样可把收弧缩孔消除或带到焊道表面,以便在下一根焊条焊接时将其熔化掉。注意回烧时间不能太长,尽量使接头处成为斜面。

(4)填充焊。填充层施焊前,先将前一道焊缝的熔渣、飞溅等清除干净,将打底焊层焊缝接头的焊瘤打磨平整,然后进行填充焊。填充焊的焊条角度如图 13-22 所示。

填充焊时应注意以下三个事项:

① 控制好焊道两侧熔合情况,填充焊时,焊条摆幅加大,在坡口两侧停留时间可比打底焊时稍长些,必须保证坡口两侧有一定的熔深,并使填充焊道稍向下凹。

② 控制好最后一道填充焊缝的高度和位置。

填充焊缝的高度应低于母材约 0.5~1.5mm,最好呈凹形,要注意不能熔化坡口两侧的棱边,便于盖面层焊接时能够看清坡口,为盖面层焊接打下基础。焊填充焊道时,焊条的摆幅逐层加大,但要注意不能太大,千万不能让熔池边缘超出坡口面上方的棱边。

③ 接头方法如图 13-23 所示,不需向下压电弧,其他要求同打底焊。

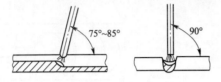
图 13-22　填充焊时的焊条角度

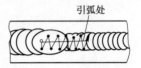
图 13-23　填充焊时的接头

(5) 盖面焊。盖面层施焊时的焊条角度、运条方法及接头方法与填充层相同,但盖面层施焊时焊条摆动的幅度要比填充层大。摆动时要注意摆动幅度一致,运条速度均匀,同时注意观察坡口两侧的熔化情况。施焊时在坡口两侧稍作停顿,以便使焊缝两侧边缘熔合良好,避免产生咬边,以得到优质的盖面焊缝。

焊条的摆幅由熔池的边沿确定,焊接时必须注意保证熔池边沿不得超过焊件表面坡口棱边 2mm,否则,焊缝超宽。

(四) 焊接时常见的缺陷及排除方法 (表 13-5)

平板对接平焊时常见的缺陷及排除方法　　　　　　　表 13-5

缺陷名称	产生原因	排除方法
焊接接头不良	(1) 换焊条时间长; (2) 收弧方法不当	(1) 换焊条速度要快; (2) 将收弧处打磨成缓坡状
背面出现焊瘤和未焊透	(1) 运条不当; (2) 打底焊时,熔孔尺寸过大产生焊瘤,熔孔尺寸过小产生未焊透	(1) 掌握好运条在坡口两侧停留时间; (2) 注意熔孔尺寸的变化
咬边	(1) 焊接电流强度太大; (2) 运条动作不当; (3) 焊条倾斜倾角度不合适	(1) 适当减小电流强度; (2) 运条至坡口两侧时稍作停留; (3) 掌握好各层焊接时焊条的倾斜角度

四、CO_2 气体保护焊操作实习

任务　V 形坡口平板对接立焊单面焊双面成形

(一) 焊前准备

1. 焊件的准备

(1) 板料 2 块,材料为 Q235A,尺寸与坡口如图 13-24 所示。

(2)矫平。

(3)焊前清理坡口及坡口正反两侧各 20mm 范围内的油污、铁锈及氧化物等,直至呈现金属光泽为止。

2. 焊件装配技术要求

(1)平板对接装配时,为了保证焊后没有角变形,因此平板要预置反变形。

(2)垂直立焊,单面焊双面成形。

(3)错边量≤1.2mm。

3. 焊接材料

焊丝选用 ER49-1(H08Mn2SiA),直径 1.2mm。

4. 焊接设备

NBC1-300 焊机,直流反极性。

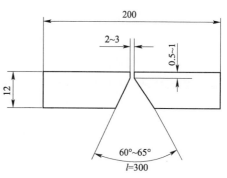

图 13-24 试件制备图

(二)装配与定位焊

(1)装配间隙始端为 2mm,终端为 3mm。预留反变形量为 3°左右,钝边 0.5~1mm。

(2)采用与正式焊接相同的焊丝进行定位焊,并点焊于试件坡口内两端,定位焊缝长度为 10~15mm。

(3)焊接参数(表 13-6)

对接立焊的焊接参数　　　　　　　　　　　　　　　　表 13-6

焊接层次	焊丝直径(mm)	焊接电流(A)	电弧电压(V)	气体流量(L/min)	焊丝伸出长度(mm)
打底焊		90~110	18~20		
填充焊	1.2	130~150	20~22	12~15	12~20
盖面焊		130~150	20~22		

(三)焊接操作要点

(1)焊道分布。三层三道,采用向上立焊,焊枪角度如图 13-25 所示。

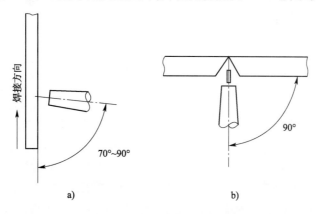

图 13-25　CO_2 气体保护焊的焊枪角度

a)焊枪倾角;b)焊枪夹角

(2)打底焊。在试件下端定位焊缝处引弧,电弧引燃后焊枪作锯齿形横向摆动向上施焊。当把定位焊缝覆盖、电弧到达定位焊缝与坡口根部连接处时,用电弧将坡口根部击穿,产生第一个熔孔,即转入正常施焊。施焊打底层时应注意以下几点:

①注意保持均匀一致的熔孔,熔孔大小以坡口两侧各熔化0.5~1.0mm为宜,如图13-26所示。

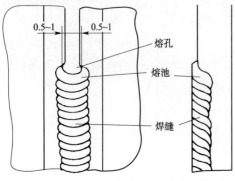

图13-26 CO_2气体保护焊立焊的熔孔与熔池

②焊丝摆动时,以操作手腕为中心作横向摆动,并要注意保持焊丝始终处在熔池的上边缘,其摆动方法可以是小锯齿形或上凸半月牙形,以防止金属液下淌。

③焊丝摆动间距要小,且均匀一致,要注意防止焊丝穿出焊缝背面。

④焊到试件上方收弧时,应待电弧熄灭,熔池完全凝固以后,才能移开焊枪,以防收弧区因保护不良产生气孔。

(3)填充焊。施焊前应先清除打底层焊道和坡口表面的飞溅、熔渣,并将焊道局部凸出处打磨平整。焊丝横向摆动幅度应比打底焊稍大,电弧在坡口两侧稍作停留,以保证焊道两侧熔合良好。填充焊道表面应比坡口边缘低1.5~2mm,并使坡口边缘保持原始状态,为施焊盖面层打好基础。

(4)盖面焊。施焊前,应清理填充层焊道和飞溅,并将焊道局部凸出处打磨平整。焊接盖面层时的焊枪角度与打底层相同。施焊时,焊丝横向摆动幅度比焊填充层稍大,使熔池超过坡口边缘两侧各0.5~1.5mm。焊丝横向摆动时,应在坡口两侧边缘稍作停顿,停顿时间以焊缝与母材圆滑过渡,焊缝余高不超过标准为宜。应注意控制摆动间距,间距应均匀、合适,不宜过大。

(四)焊接时易出现的缺陷及排除方法(表13-7)

焊接时易出现的缺陷及排除方法   表13-7

缺陷名称	产生原因	排除方法
气孔	(1)焊丝和焊件待焊处表面有氧化物、油、锈等脏物; (2)焊丝含硅、锰量不足; (3)CO_2气体流量低; (4)阀门冻结、喷嘴堵塞,影响CO_2气体流畅; (5)焊接场地有风; (6)CO_2气体纯度低,水分含量大; (7)气路有漏气的地方	(1)清理焊丝与焊件待焊表面的氧化物、油、锈; (2)选择硅、锰含量符合要求的焊丝; (3)检查流量低的原因; (4)预热阀门,解冻;清除喷嘴内堵塞物; (5)在避风处进行焊接; (6)提高CO_2气体纯度; (7)排除漏气的地方
咬边	(1)熔滴金属自重下淌; (2)焊枪位置不当; (3)焊枪摆动速度不均匀	(1)借电弧吹力托住熔滴,防止熔滴下淌; (2)按给定的焊枪位置操作; (3)摆动速度均匀
飞溅	(1)熔滴短路过渡时,电感量过大或过小; (2)焊接电流与电压不配当; (3)焊丝与焊件清理不良	(1)选择合适的电感量; (2)调整电流、电压参数,使其匹配; (3)清理焊丝、焊件表面的油、锈及水分

五、电弧焊焊接实例

汽车柴油机缸体的补焊-柴油机缸体平面裂纹,如图 13-27 所示,材质为灰口铸铁,采用焊条电弧焊冷焊修复。

1. 焊前准备

(1)先准确找出裂纹的部位,查看裂纹的长度和深浅。

(2)在裂纹两端钻止裂孔,孔径为 4~6mm,可根据工件的厚薄增减,以防止裂纹在焊接时扩展。

(3)用氧-乙炔火焰除油、烘烤,用角向磨光机打磨裂纹部位,清除氧化皮和铁锈等杂质。

图 13-27 缸体平面裂纹

(4)用角向磨光机沿裂纹开 U 形坡口,磨不到的部位可用扁铲除去。

(5)使用 E4315 焊条,直径为 2.5mm,焊前在 350~400℃烘干 2h,然后在 250℃左右保温,随用随取。

2. 补焊工艺

(1)采用直流反接,选择小线能量焊接,焊接电流 50~80A,用快速、短段、断续、窄焊道、直线运条等焊接方法。

(2)施焊时不得在坡口外引弧,焊件温度不能超过 60℃,短弧操作,分段逆向施焊,每焊 15~20mm 长时就要停弧,并用小锤锤击焊道,以消除焊接应力。

(3)采用多层焊,每焊一层要仔细清渣,盖面层可用"退火焊道",以保证加工性。

(4)焊后用磨光机将焊缝打磨平滑。

课题十四
气　　割

> **教学要求**
> 1. 了解气割的原理及特点；
> 2. 掌握气割的工艺及操作。

一、气割基本原理

气割是利用可燃气体同氧混合燃烧所产生的火焰分离材料的热切割，又称氧气切割或火焰切割，如图 14-1 所示。气割时，火焰在起割点将材料预热到燃点，然后喷射氧气流，使金属材料剧烈氧化燃烧，生成的氧化物熔渣被气流吹除，形成切口。气割用的氧纯度应大于 99%；可燃气体一般用乙炔气，也可用石油气、天然气或煤气。

生产中最常见的气割方法是氧乙炔火焰切割。

图 14-1　气割过程示意图

被气割的金属材料应具备下列条件。

①在纯氧中能剧烈燃烧，其燃点和熔渣的熔点必须低于材料本身的熔点。熔渣具有良好的流动性，易被气流吹除。

②导热性小。在切割过程中氧化反应能产生足够的热量，使切割部位的预热速度超过材料的导热速度，以保持切口前方的温度始终高于燃点，切割才不致中断。因此，气割一般只用于低碳钢、低合金钢和钛及钛合金。气割是各个工业部门常用的金属热切割方法，特别是手工气割使用灵活方便，是工厂零星下料、废品废料解体、安装和拆除工作中不可缺少的工艺方法。

二、气割设备及装置

气割设备包括氧气瓶、减压器、乙炔瓶、回火防止器、割据、胶管等。其中主要的设备是割据和气源，如图 14-2 所示。

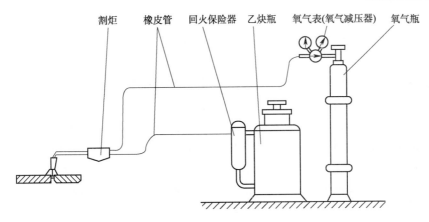

图 14-2　气割用设备和装置示意图

1. 割炬

割炬是产生气体火焰、传递和调节切割热能的工具，对割据的要求是简单轻便、易于操作、使用安全可靠。

割炬按乙炔气体和氧气混合方式不同分为射吸式和等压式两种。射吸式主要用于手工切割，等压式多用于机械切割。生产中常用的射吸式割炬如图14-3所示。

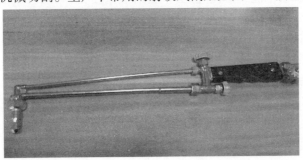

图 14-3　射吸式割炬

2. 氧气及氧气瓶

1) 氧气的基本特性

氧是强氧化性气体。与空气相比，燃爆性物质在氧气中的点火能量变小，燃烧速度变大，爆炸范围变宽，即更易着火燃烧和爆炸。在一定条件下，一些金属在氧气中也能燃烧。压缩纯氧的压力越高，其助燃性能越强。在潮湿或有水条件下，氧气对钢材有强烈的腐蚀性。

2) 氧气瓶及其附件

(1) 气瓶本体。工业用氧气瓶是管状无缝结构，上端瓶口处的缩颈部分为瓶颈，瓶颈与瓶体的过渡部分叫瓶肩，瓶颈外侧固定连接有颈圈。下端一般为凹形底。瓶体由优质锰钢、铬钼钢或其他合金钢制成，瓶体为天蓝色，并漆有"氧气"黑色字样（如图14-4）。最常用的是中容积瓶，外径219mm，容积40L，高度约1.5m，公称工作压力15MPa，许用压力18MPa。

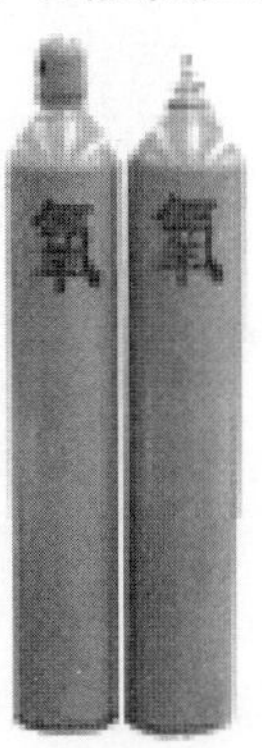

(2) 主要附件。

① 瓶阀。一般由铜材制成，抗燃，且不起静电及机械火花。其密封材料应

图 14-4　氧气瓶

有好的阻燃及密封性能。

②瓶帽。保护瓶阀免受磕碰,通过螺纹与颈圈连接。瓶帽上一般有排气孔或侧孔,以防瓶阀漏气使瓶帽承压。

③防震圈。套于瓶体上的两个弹性橡胶圈,起减震和保护瓶体的作用。

(3) 氧气瓶的安全使用。

①氧气瓶不得与可燃气体气瓶同室储存。氧气瓶储存室内严禁烟火。

②氧气的防止地点不得靠近热源和明火。采用氧乙炔火焰进行作业时,氧气瓶、溶解乙炔气瓶及焊(割)炬必须相互错开,氧气瓶与焊(割)炬明火的距离应在10m以上。操作中应防止回火,避免在氧气管路中混入乙炔气体。不得用氧气吹扫乙炔管路。

③不得戴着沾有油脂的手套或带油裸手开启氧气瓶瓶阀和减压阀。

④开启瓶阀和减压阀时,动作应缓慢,以减轻气流的冲击和摩擦,防止管路过热着火。

⑤禁止用压缩纯氧进行通风换气或吹扫清理,禁止以压缩氧气代替压缩空气作为风动工具的动力源,以防引发燃爆事故。

⑥用瓶单位和人员应防止瓶内积水及积存其他污物,防止气瓶腐蚀及其他损害,进而避免气瓶爆炸。用瓶单位应拒绝使用超过检验期的气瓶。

⑦氧气瓶里的氧气,不能全部用完,必须留有剩余压力,严防乙炔倒灌引起爆炸。尚有剩余压力的氧气瓶,应将阀门拧紧,注上"空瓶"标记。

⑧氧气瓶附件有缺损,阀门螺杆滑丝时,应停止使用。

⑨氧气瓶不能强烈碰撞。禁止采用抛、摔及其他容易引撞击的方法进行装卸或搬运。严禁用电磁起重机吊运。

⑩在开启瓶阀和减压器时,人要站在侧面;开启的速度要缓慢,防止有机材料零件温度过高或气流过快产生静电火花。而造成燃烧。

3. 乙炔及乙炔瓶

1) 乙炔的基本特性

图14-5 乙炔瓶

乙炔是最简单的炔烃,易燃气体,又称电石气。分子式 $CH\equiv CH$,化学式 C_2H_2。无色有芳香气味的易燃气体,熔点 $-80.8℃$,沸点 $-84℃$。在液态和固态下或在气态和一定压力下有猛烈爆炸的危险,受热、震动、电火花等因素都可以引发爆炸,因此,不能在加压液化后贮存或运输。难溶于水,易溶于丙酮,在15℃和总压力为15大气压时,在丙酮中的溶解度为237g/L,溶液是稳定的。因此,工业上是在装满石棉等多孔物质的钢桶或钢罐中,使多孔物质吸收丙酮后将乙炔压入,以便贮存和运输。

2) 乙炔瓶及其附件

(1) 气瓶本体。乙炔瓶是一种储存和运输乙炔的容器(如图14-5)。外形与氧气瓶相似,但它的构造比氧气瓶复杂。乙炔瓶的主要部分是用优质碳素钢或低合金钢轧制而成的圆柱形无缝瓶体。外表漆成白色,并红漆有"乙炔"字样。在瓶体内装有浸满着丙酮的多孔性填料,能使乙炔稳定而安全的储存在瓶内。使用时,溶解在丙酮内的乙炔就分解出来,通过乙炔瓶阀流出。而丙酮仍留在瓶内,以便溶解再次压入乙炔。乙炔瓶阀下面的填料中心部分的长孔内放着石棉,其作用是帮助乙炔从多孔填料中分解出来。

(2)主要附件。乙炔瓶附件包括瓶阀、易熔合金塞、瓶帽、防震圈和检验标记环。附件的设计、制造、应符合相应国家标准或行业标准的规定。凡与乙炔接触的附件,严禁选用含铜量大于70%的铜合金,以及银、锌、镉及其合金材料。

①瓶阀。瓶阀与钢瓶阀座连接的螺纹,必须与钢瓶阀座内螺纹匹配,并符合相应国家标准的规定。同一制造单位生产的同一规格、型号的瓶阀,质量允差不超过5%。瓶阀出厂时,应逐只出具合格证,并应注明旋紧力矩。

②易熔合金塞。易熔合金塞与钢瓶塞座连接的螺纹,必须与塞座内螺纹匹配,并符合相应国家标准的规定,保证密封性。易熔合金塞的动作温度为100℃±5℃。易熔合金塞塞体应采用含铜量不大于70%的铜合金制造。

③瓶帽。瓶帽应是固定式的,亦即不拆卸瓶帽就能方便地对乙炔瓶进行充装溶剂、乙炔和使用等操作。有良好的抗冲击性,能有效地保护瓶阀,且不积存气、液,并容易清除污物。不得采用灰口铸铁制造。在明显处标注出质量值。同一单位制造的、同一规格的瓶帽,质量允差不超过5%。

④防震圈。防震圈能紧密套在瓶体上,不松脱、不滑落。在明显处标注出质量值,同一单位制造的、同一规格的防震圈,质量允差不超过5%。除用户要求自配者外,新乙炔瓶出厂,应由乙炔瓶制造单位配齐防震圈。

⑤检验标记环。检验标记环一般由铝或铝合金制成,套在瓶阀与阀座之间,能在固定瓶帽中转动。

(3)乙炔气瓶使用注意事项。

①乙炔瓶不得放置于有放射性射线的场地和橡胶绝缘体上。禁止用铁制工具敲击乙炔瓶及其附件。

②凡与乙炔接触的附件,严禁选用含铜量大于70%的铜合金以及银、锌、镉及其合金材料。瓶阀冻结时,严禁用火烘烤。

③乙炔瓶不得靠近热源。夏季要防止日光曝晒。与明火的距离一般不得小于10m。

④严禁用电磁起重机搬运。

⑤乙炔瓶在使用时,一般应保持直立位置严禁卧放使用。

⑥乙炔瓶放气流量不得超过$0.05m^3/h·L$。

⑦乙炔瓶的最大使用压力,严禁超过0.15MPa。

⑧在使用乙炔瓶时,必须缓慢地打开阀门。

⑨瓶内气体严禁用尽,瓶内剩余压力应符合GB 6819—2004规定。

三、气割操作技术

1. 气割前的准备

(1)对设备、割炬、气瓶、减压装置等供气接头,均应仔细检查,确保正常状态。

(2)使用射吸式割炬,应检查其射吸能力;等压式割炬,应保持气路畅通。

(3)使用半自动、仿形气割机时,工作前应进行空运转,检查机器运行是否正常,控制部分是否损坏失灵。

(4)检查气体压力,使之符合切割要求。当瓶装氧气压力用至0.1~0.2MPa表压时;瓶装乙炔、丙烷用至0.1MPa表压时,应立即停用,并关阀保留其余气,以便充装时检查气样和防止其他气体进入瓶内。

(5)检查工件材质和下料标记,熟悉其切割性能和切割技术要求。

(6)检查提供切割的工件是否平整、干净,如果表面凹凸不平或有严重油污锈蚀,不符合切割要求或难以保证切割质量时,不得进行切割。

(7)为减少工件变形和利于切割排渣,工件应垫平或放好支点位置。工件下面应留出一定的高度空间,若为水泥地面应铺铁板,防止水泥爆裂。

2.气割参数的选择

1)切割氧压力

(1)切割氧压力的大小对于普通割嘴,应根据割件的厚度来确定,具体选择可见表14-1所示。

切割氧气压力推荐表　　　　表14-1

割件厚度(mm)	割炬型号	割嘴号码	氧气压力(MPa)
≤4	G01-30	1	0.3~0.4
4.5~10		2	0.4~0.5
11~25	G01-100	1	0.5~0.7
26~50		2	0.5~0.7
52~100		3	0.6~0.8

(2)切割氧压力随割件厚度的增加而增高,随氧气纯度的提高而有所降低,氧压的大小要选择适当。在一定的切割厚度下,若压力不足,会使切割过程的氧化反应减慢,切口下缘容易形成粘渣,甚至割不穿工件;氧压过高时,则不仅造成氧气浪费,同时还会使切口变宽,切割面粗糙度增大。

2)预热火焰

(1)预热火焰应采用中性焰,它的作用是将割件切口处加热至能在氧流中燃烧的温度;同时,使切口表面的氧化皮剥落和熔化。

(2)预热火焰能率以可燃气每小时耗量(L/h)表示,它取决于割嘴孔径的大小,所以实际工作中,根据割件厚度,选定割嘴号码也就确定了火焰能率。表14-2为氧-乙炔切割碳钢时,割件厚度与火焰能率的关系。

割件厚度与火焰能率的关系　　　　表14-2

割件厚度(mm)	3~12	13~25	26~40	42~60	62~100
火焰能率(L/h)	320	340	450	840	900

(3)火焰能率不宜过大或过小:若切口上缘熔化,有连续珠状钢粒产生,下缘黏渣增多等现象,说明火焰能率过大;若火焰能率过小,割件不能得到足够的热量,必将迫使切割速度减慢,甚至使切割过程发生困难。

(4)预热时间与火焰能率、切割距离(割嘴与工件表面的距离)及可燃气体种类有关。当采用氧-丙烷火焰时,由于其温度较氧-乙炔火焰低,故其预热时间要稍长一些。

3)切割速度

(1)切割速度与割件厚度、切割氧纯度与压力、割嘴的气流孔道形状等有关。切割速度正确与否,主要根据割纹的后拖量大小来判断。

(2)割速过慢会使切口上缘熔化,过快则产生较大的后拖量,甚至无法割透。为保证工件尺寸精度和切割面质量,割速要选择适中并保持一致。表14-3为氧气纯度99.8%,机械直线切割时,割速与后拖量的关系。

割速与后拖量的关系　　　　　　　　　　　　　　　　　　　　　表14-3

割件厚度(mm)	5	10	15	20	25	50
切割速度(mm/min)	500~800	400~600	400~550	300~500	200~400	200~400
后拖量(mm)	1~2.6	1.4~2.8	3~9	2~10	1~15	2~15

4)切割距离

(1)切割距离与预热焰长度、割件厚度及可燃气种类有关。对于氧-乙炔火焰,焰心末端距离工件一般以3~5mm为宜,薄件适当加大。对于氧-丙烷火焰,其距离稍近。

(2)切割过程中,切割距离应保持均匀。过高,热量损失大,预热时间加长。过低,易造成切口上缘熔化甚至增碳,且割嘴孔道易被飞溅物粘堵,造成回火停割。

5)割嘴倾角

割嘴倾角直接影响切割速度和后拖量。直线切割时,割嘴倾角见表14-4,曲线切割时,割嘴应垂直于工件。

切割倾角与切割速度的关系　　　　　　　　　　　　　　　　　　表14-4

割嘴类型	厚度(mm)	割嘴倾角(°)
普通割嘴	6	5~10
	6~30	垂直于工件表面
	>30	终点时后倾5~10
快速割嘴	0~16	20~25
	7~22	5~15
	23~30	15~25

3. 气割操作

根据割件厚度选好割嘴及规范参数后,即可点火调整预热火焰,并试开切割气,检查切割气流是否挺直清晰,符合切割要求。用预热火焰将切口始端预热到金属的燃点(呈亮红色),然后打开切割氧,待切口始端被割穿后,即移动割炬进入正常切割。

1)手工切割

(1)气割工身体移位时,应抬高割炬或关闭切割氧,正位后,对准接割处适当预热,然后继续进行切割。

(2)用普通割嘴直线切割厚板,割近终端时,割嘴可稍作后倾,以利割件底部提前割透,保证收尾切口质量。板材手工直线切割的规范见表14-5。

板材手工直线切割规范　　　　　　　　　　表 14-5

割件厚度(mm)	割炬及割嘴号	氧气压力(MPa)	乙炔压力(MPa)	切割速度(mm/min)
3~12	G01-30	1-2　　0.4~0.5	0.01~0.12	550~400
13~30	G01-30	2-3　　0.5~0.7	0.01~0.12	400~300
32~50	G01-100	1-2　　0.5~0.7	0.01~0.12	300~250
52~100	G01-100	2-3　　0.6~0.8	0.01~0.12	250~200

2)半自动切割(常用 CG1-30 型气割机)

(1)直线切割时,应放置好导轨,气割机放在导轨上;若切割圆形工件,则装上半径杆,并松动蝶形螺母,使从动轮处于自由状态。同时将割矩调整到合适的切割位置。

(2)接通控制电源、氧气和可燃气,根据割件厚度调好切割速度。

(3)将倒顺开关扳至所需位置,打开乙炔和预热氧调节阀,点火并调整好预热火焰。

(4)将起割开关扳到停止位置,打开压力开关阀,使切割氧与压力开关的气路相通。

(5)待割件预热到工件燃烧温度后,打开切割氧阀割穿工件,此时压力开关作用,行走电机电源接通,合上离合器,割机启动,切割开始。

(6)气割过程中,可随时旋转升降架上的调节手轮,调节割嘴与工件之间的距离。

(7)切割结束时,先关闭切割氧阀,此时压力开关停止作用行走电机电源切断,割机停止行走。接着关闭压力开关和预热火焰。最后切断控制电源和停止氧气和可燃气的供给。

(8)若不使用压力开关,可直接用起割开关来接通和切断行走电机电源。

四、气割操作实习

任务　平板手工气割

(一)气割准备

(1)割件:Q235 钢板,厚度为 4mm、12mm 及 30mm 三种。长×宽为 300mm×300mm。

(2)设备与工具:氧气瓶、乙炔瓶、氧气减压器、乙炔减压器、G01-30 型割炬、辅助工具(护目镜、通针、扳手、点火枪、钢丝刷、钢丝钳等)。

(二)气割操作要点

1. 中厚板气割

将 12mm 的钢板用钢丝刷仔细清理表面,用耐火砖将割件垫起。调节火焰为中性焰或轻微氧化焰。打开切割氧阀门,先检查割炬的射吸能力和切割氧流的形状(风线形状)。

(1)操作姿势。双脚成"八"字形蹲在割件一旁,右手握住割炬手柄,同时用拇指和食指握住预热氧的阀门,右臂靠右膝盖,左臂悬空在两脚中间,左手的拇指和食指控制切割氧的阀门,其余手指平稳地托住混合管,左手同时起把握方向的作用。眼睛注视割件和割嘴,切割时注意观察割线。

(2)预热和起割。在割件的割线右端开始预热,待预热处呈现亮红色时,将火焰略微移至边缘外,同时慢慢打开切割氧阀。当看到预热的红点在氧气中被吹掉,再进一步加大切割氧阀门,割件的背面飞出鲜红的氧化铁渣,说明割件已被割透,再将割炬以正常的速度从右向左移动。

(3)正常切割过程。起割后,割炬移动的速度要均匀,割嘴到割件表面的距离应保持一定。若割缝较长,气割者的身体要更换位置时,应先关闭切割氧阀门,移动身体,再对准割缝的切割处重新预热起割。

在气割过程中,出现回火现象,此时应迅速关闭切割氧调节阀门,火焰会自动在割嘴外正常燃烧;如果在关闭阀门后仍然听到割炬内还有嘶嘶的响声,说明火焰没有熄灭,应迅速关闭乙炔阀门。

(4)停割。停止切割时,应先将切割氧阀门关闭,再将割嘴从割件上移开。

2. 薄板气割

将4mm厚的钢板用耐火砖垫好,然后进行切割。薄板的切割应注意。

①选用G01—30型割炬及小号割嘴;
②用小的预热火焰能率,控制乙炔流量大小;
③割嘴向后倾角度加大到30°~45°;
④割嘴与割件间距加大到10~15mm;
⑤切割速度尽可能快。

3. 厚板气割

将30mm的钢板用耐火砖垫好,然后进行切割。厚板的切割特点为。

①采用较大的火焰能率;
②采用较慢的切割速度;
③起割处割嘴向切割方向倾斜一定的角度(5°~10°),正常切割时保持割嘴与割件表面垂直;在停割前应先将割嘴沿切割方向的反向倾斜一定的角度,以便将钢板下部提前割透,再将割件割完后停割。

(三)气割时易出现的缺陷及排除方法(表14-6)

气割中容易出现的缺陷及排除方法　　　　表14-6

缺陷名称	产生原因	排除方法
氧化渣不易吹除	(1)切割氧压力太小; (2)切割速度太慢; (3)预热火焰太大; (4)风线不好	(1)适当加大切割氧压力; (2)控制切割速度不要太慢; (3)适当减小火焰能率; (4)调整风线成笔直而清晰的细圆柱体,并有一定长度
切口与钢板表面不垂直	气割时割炬没有垂直于钢板表面或风线不好	气割时不断地变换位置并始终保持割嘴与钢板表面垂直,同时风线应有一定的长度和挺度
回火	(1)切割速度太快; (2)割炬倾斜角度不够	(1)选用适当的预热火焰能率,控制切割速度不要太快; (2)割嘴后倾20°左右,并与钢板保持一定距离
切口边缘熔化	(1)预热火焰能率过大; (2)割嘴与钢板表面距离太近; (3)切割速度太慢	(1)选用合适的预热火焰能率; (2)合适控制割嘴与钢板表面距离; (3)适当加快切割速度

参 考 文 献

[1] 吴金杰. 焊接冶金学及金属材料焊接[M]. 大连:大连理工大学出版社,2014.
[2] 刘春玲. 焊工实用技术手册[M]. 合肥:安徽科学技术出版社,2012.
[3] 马世辉. 焊接结构生产与实例[M]. 北京:北京理工大学出版社,2012.
[4] 雷世明. 焊接方法与设备[M]. 北京:机械工业出版社,2014.
[5] 刘永. 钳工工艺[M]. 北京:人民交通出版社,1999.
[6] 陈振肖. 车钳焊基础工艺[M]. 北京:人民交通出版社,1996.